コロナ後の食と農

腸活・菜園・有機給食

吉田太郎［著］

築地書館

まえがき

「新型コロナウイルス禍は（中略）グローバル経済のもろさを露呈。（中略）食料やエネルギー、労働力を他国に依存する日本の病巣もあらわになった。（中略）経済学者で思想家のジャック・アタリ氏は（中略）『利他的な共感のサービス』こそが、より良い社会に導くと説く。（中略）『巣ごもり自粛』は、市場経済では測れない豊かな価値の存在に気付かせてくれた。この未曽有の災禍を奇貨として、私たちの暮らし方、働き方、生き方を見直してみたい。この試練を糧に、ウイルスと共存する新たな文明を創出できるかが試されている(1)」

二〇二〇年六月に日本農業新聞に掲載された論説「コロナ危機と文明　生命産業へかじを切れ」の抜粋だが、なかなか秀逸と思われまいか。同新聞の連載「新型コロナ、届け！エール」で経済アナリスト森永卓郎氏も「世界経済がグローバル資本主義に向かって邁進してきた結果、とてつもない格差が生まれ、地球環境も破壊された。これからは、近くの人が作ったものを食べる原理で動く小さな町が無数に生まれる。そうした新たな経済の中心は農業だ」と主張する(2)。

早くも経済や株価のV字回復ばかりが心配される日本ではマイナーな意見に思える。二〇一九年東日本台風でその必要性を痛感させた地球温暖化対策も食の安全もどこかに吹き飛んでしまい、やはり経済だ。国際競争力のある日本経済をいち早く取り戻せ。あるいは、コロナがあったればこそ、人に頼らなくても安定的に食料を提供できる「ハイテク化」や「ロボット化」が必要だし、これこそが「強靭化（レジリアンス）」だとの主張がマスコミの紙面も飾る。けれども、世界に目を転じてみると、まったく論調が異なることに気づかされる。

「コロナは自然生態系から人類に向けて発せられた目覚まし時計だ」「いまこそ、医と食とを連携させ、今後、さらに襲来する第二、第三波のパンデミックに備えよ」「地球温暖化による異常気象や生物多様性喪失のリスクを回避するには小規模家族農業によるアグロエコロジー（有機農業）しかない」といった論が展開されている。二〇一八年の拙著『タネと内臓』（築地書館）では、タネの多様性や有機農業、それによる腸活が世界では潮流となっており、日本だけがその流れと逆行していることを書いたが、今回のコロナ禍を受けてそのギャップがさらに開いた感がある。本書の題名を『コロナ後の食と農』とし、日本ではあまり話題にならないが、もしかしたら、こちらの方が「グローバル・スタンダード」として重要であるかもしれない「トピック」を紹介してみたいと思ったのはそのためだ。

いくつかのキーワードに的を絞れば、ズレはいっそう際立つ。三密の回避や、マスク着用、手洗いが推奨されていることは同じだが、それを前提にしながらも、海外、とりわけ、欧米では、食生活の改善と免疫力が話題になっている。『タネと内臓』では、裏庭の畑でミミズをついばむ鶏は鳥インフルエンザに罹患せず、発病するのは遺伝子組み換え（ＧＭＯ）飼料を給餌された家禽工場だけだとの警告を紹介したが（前掲書44頁）、同じことが人間にも言えそうなのだ。肥満症患者は免疫力が低く感染や重症化のリスクが高いが、感染者も死者も世界最多となった米国も超肥満大国だ。高カロリー・低栄養のジャンクフードを食べている貧困世帯ほど被害が大きいこともあって、「いまこそ、健全な食生活を国家目標に掲げることで社会全体としての免疫力を高めよ」との主張が公衆衛生サイドから発信されている。つまり、罹患は自己責任ではなく、社会的格差やジャンクフードをまきちらしている社会的責任であることをコロナが教えてくれたというわけだ。

まったく異なる情報が飛び交えば、消費者の行動パターンも当然のことながら違ってくる。添加物が入った加工食品を避け、新鮮な野菜や果物、発酵食品を摂取することへの関心も高まる。現実の消費行動でも欧米やインドでは自然食品やオーガニック農産物の売り上げに拍車がかかっている。

感染爆発の第二波、第三波の襲来回避に向けた考え方も違う。日本ではワクチン開発や自粛が筆頭にあがるが、海外で発生の原因としてやり玉にあげられているのは、無理な農地拡大による自然生態系の破壊と工業型農業、とりわけ、ファクトリー（工場型）畜産業だ。潜在的なウイルス製造につながるとして廉価な肉消費の見直しが図られ、「効率が良い」ものとして追求されてきた「ジャストインタイム」の流通や大規模モノカルチャーによる低コスト化も「単なるコストの外部化だったのではないか」と、根底から問い直されている。外部からの投入資材や燃料に加え、収穫作業で低賃金の移民労働者に依存していた大規模農業の生産がロックダウンで麻痺し、売り先も失う一方で、農場内で肥料が循環し、労働者も家族に限られる小規模な家族有機農業の方が、有事の際には強靭なことも判明する。二〇一八年には「小農と農村で働く人びとの権利に関する国連宣言」が採択され、二〇一九年からは「家族農業の一〇年」が始まっているが、今回のパンデミックの中で活躍したのも、小規模家族農家だった。

大手スーパーの棚が空っぽとなった欧米では、缶詰を買い込むよりも恒久的な自衛策は家庭菜園であるとして、CSA（地域支援型農業）への加入や家庭菜園での市民たちの自給も始まっている。種子法の廃止に加え、種子の知的財産権を守るための種苗法改定が進められている日本とは逆に、ルーマニアでは、栄養価がある食料生産のために野菜のタネが配布されたし、[3] タイでも、タネの配布を行い、生鮮食料の生産消費を推進する政策が講じられている。[4] 菜園ブームでタネや苗が不足する中、オーストラリアでは図書館から「タネ」を貸し出し、市民に増やしてもらって後から「返却」するシードライブラリーも登場した（第4章コラム参照）。

オーガニックや食の見直しは、具体的な政策としても出現しつつある。例えば、欧州連合（EU）の政策執行機関、欧州委員会は二〇三〇年までに農薬と家畜用の抗生物質を半減し、有機農業の面積を現在の三倍の二五％に拡大し、生物多様性を保護するため域内の三〇％を自然保護地域とし、農地の一〇％を生け垣や野草の生息地へと戻す「農場から食卓まで戦略」（Farm to Fork Strategy、以下、F2F戦略と表記）を発表した。健全な栄養のあるまっとうな食べ物を確保することで慢性病を予防し免疫力を高められるように、店頭で販売される全食品に栄養表示を義務化することも決まった。有機農業団体やスローフード協会、グレタ・トゥーンベリさんで有名となった若者たちの気候変動問題を懸念する「フライデーズ・

フォー・フューチャー」も議論に加わり、多いに話題を呼んでいる。計画は二〇一九年末から検討されてきたが、これまでの生き方や食べ方を大きく見直すうえでコロナの危機が後ろ盾となったことは間違いない。

冒頭の話に戻ろう。今回のコロナ禍をめぐる海外の研究者や論壇はまことに冷静だ。コロナ禍をグローバルなフードシステムの脆弱性をあからさまにした人類に対する目覚まし（覚醒）時計と見なし、いまこそ、レジリアンスのあるフードシステムへシフトせよと提言する。なんとなれば、コロナ禍は、第六の大絶滅に瀕する人類に向けて神が遣わしたもうた「使徒」ともいえるだろう。そして、生物多様性の破壊が続けば第二、第三の使徒が訪れることも避けられない。とりわけ、危険なのが地球温暖化だ。そこで、アグロエコロジー、地産地消、在来種保全、栄養の表示義務化、そして、免疫力をキーワードにさらなる使徒襲来に際して、人類に福音（エヴァンゲリオン）をもたらすため、少なくとも欧州においては「フード補完計画」が発動している。

コロナの危機対応にはコミュニティが助け合う連帯経済や地方自治と食料主権がなによりも鍵となる。今後のあるべき理想像のひとつとして、コペンハーゲンの有機給食や公共調達がモデルとして推奨されている（第3章コラム参照）。

前半は憂鬱な話が続く。海外の先駆的な事例とこの国の現状とのあまりの落差に気分が滅入ってくるはずだ。けれども、ご安心いただきたい。第3章で記述するように有機給食は国内の先駆的な自治体で始まっているし、最初に有機農産物を給食に取り入れた「大地を守る会（現在、オイシックス・ラ・大地）」

の藤田和芳会長からも、「未来に希望を抱いている」との力強いメッセージをいただいている（第3章コラム参照）。いま、本書を手に取られ、ここまでお読みになられたのも何かの「ご縁」である。ぜひ、最後まで筆者の「学び」を追体験していただきたい。

ともすれば、世界の誰からも引き取り手がないグローバル多国籍企業の毒漬け食品の最後のマーケットと化しつつあるこの国の食を健全化するために、まずは地域の給食から、そして、家庭の食卓から、そして、あなたの住む街角の食品店の棚からまともな食材を少しずつ取り戻していくとき、この国の悲惨な現状も救われていくに違いない。少なくとも、そう筆者は信じたい。ただそのためには、「ビックピクチャー」を描いて行動の意味をマップ化して示すことが必要だ。では、その物語を始めてみよう。

【2刷にあたっての補記】

二〇二一年五月二〇日に農林水産省は「みどりの食料システム戦略」を公表。目標年次こそ二〇五〇年と二〇年後ろ倒しとなるとはいえ、本書の第2章で詳述したヨーロッパの「農場から食卓まで」戦略が掲げるのと同じ目標、すなわち、全農地面積の二五％の有機農業転換、全農業での農薬の五〇％削減、化学肥料の二〇％削減を掲げた。本書執筆時には予想すらできない政策の急展開であったが、これも二〇二一年九月に「二〇五〇年カーボンニュートラル」を掲げた「国連食料システムサミット」が開催されたことと無関係ではない。

この目標を、本書で描いた小規模家族農業や食生活のシフトによって実現するのか、あるいは、「工業的スマート農業」によって達成するのかという手法の違いこそあれ、現在の食や農業のあり方を変えない限りは人類に未来はないとのコンセンサスが得られている証と言ってよい。いま、そうした社会の転換期にあることも踏まえてお読みいただければ幸いである。

目次

まえがき ii

第1章 小規模家族農業の解体と工場型畜産がコロナ禍を生んだ 1

新型コロナはなぜ中国の「武漢」で発生したのか 1
小規模家族農家を辺境に追いやるグローバル化がパンデミック多発の真因 3
工場型畜産は、感染症ウイルスの製造工場 5
致死率六〇%のパンデミックが襲ってくる世界 8
根本的な解決策はワクチンにあらず～工場型畜産の製品をボイコットせよ 10
いま時代は転換点？～環境意識を持つ政治家が選ばれるとき 13

コラム1－1 コロナ禍によって完全に様変わりした食料安全保障と食料主権 18

根本からの見直しが必要な工業型農業の技術的な修復は不可能 18
グローバル流通時代の終わりとローカル化の始まり 20

ますます重要となる食料主権と小規模家族農業　21

コラム1-2　牛を野に放ち食を健全化すれば、有機農業で欧州は自給できる　23

地球を守るためには肉食系はご法度〜ゆるベジで一〇〇倍も地球を守れる　23
欧州は有機農業に全面転換しても自給できる　26

第2章　大転換するコロナ禍後のヨーロッパの農業政策「農場から食卓まで」戦略とは　31

欧州発のフードシステムを持続可能性のグローバルスタンダードに　31
これまでのビジネスに戻るのはもう止めようじゃないか　33
農地の一〇%を自然に戻し有機農業を三倍に　35
アグロエコロジーに転換すれば農薬の半減は可能だ　37
移民労働者に依存するフードシステムが問いかけた食料安全保障　39
ローカルな地産地消とアグロエコロジーで欧州は自給できる　41

コラム2－1　「農場から食卓まで」戦略をめぐる既得権益と市民社会とのバトル　46
農薬削減量は八割とゼロの中間で五割に決着した？　46
マネーよりも命の選択を～市民NGOからの反撃の声　48
農薬削減、遺伝子組み換え（GMO）規制、工場型畜産の解体のいずれもが不十分　50
温暖化を防ぐために有機農業の活用を――若者たちもCAP政策転換を求める　53
コラム2－2　全欧州からの三六〇〇人以上の科学者がCAPに改革を呼びかけ　57
少数の既得権益集団を利するための「ゆるエコ」で規制が歯抜けになることを懸念　57
農地の一割を自然に戻しアグロエコロジーを実践する農業者を支援せよ　59
コラム2－3　社会科学者を交えたエビデンスに基づく政策提言　63
不必要な食料の生産は止める～EUの頭脳集団がアドバイス　63
望ましいフードシステムへの転換の鍵は規制と学校給食　65

第3章 有機給食が地域経済を再生し有機農業を広める　68

公共調達という切り札で環境や社会問題を解決する　68
地場農産物への投資は地域経済に七倍もの見返りをもたらす　69
給食にオーガニックと地産地消を義務づけ　72
栄養表示の義務づけ・消費者の需要喚起で有機生産も急増　74
健康のために肉を減らす～二〇一九年秋から始まった
ベジタリアン給食　77
一〇〇%有機を人権として市計画に位置づけるスウェーデンのスマート食　79

コラム3－1　デンマークの有機給食　82

有機レストランが大繁盛～ブームの切っ掛けを作った有機学校給食　82
有機農産物の生産大国と消費大国として世界に存在感　84
公共の「食」を通じた栄養での社会的格差をなくす　85
首都コペンハーゲンでは給食素材の九割以上が有機に　87
有機給食への転換の鍵を担ったコペンハーゲン「食の家」　89
子どもたち自身を料理人に～ロブスター料理の技を身に付ける特典も　91
経費をあげず全国で有機給食を実現させる『コペンハーゲン・モデル』　94

コラム3-2　有機給食と食の自治のルーツを求めて　96
自然農法の聖地の雛を孵した一課長　96
日本で初めて有機学校給食米を実現させたいすみ市　98
日本で初めて遺伝子組み換え（GMO）規制条例を実現させた今治市　101
有機給食実現運動のルーツにあったのは教育　105
コラム3-3　「大地を守る会」と有機学校給食　109
全国初の有機学校給食が誕生　109
格差社会が拡大する今だからこそ有機給食で需要創出を　111
社会を変える力は足元にある　113
コラム3-4　ミネラルたっぷりの学校給食で荒れた学校も変わる　115
給食を変えるだけで問題校が一変　115
自販機を撤廃、カフェで野菜と全粒パン　117
食を変えれば脳は健全に機能する　118

第4章 免疫力を高めるために海外ではオーガニックがブームに　120

運動と健全な食での腸活で免疫力を鍛えることが最善のコロナ対策　120
コロナ死因の最有力候補は貧しい食生活による肥満　123
第二波襲来にはワクチンよりも食を整える方が有効　125
オーガニックに走る消費者たち〜今後五年で一・五倍に？　128
破綻するグローバル流通〜コロナは地産地消時代に向けたリハーサル　132

コラム4-1　オーストラリアで始まったタネの図書館　136
市民の自給用にタネを増やすシード図書館が誕生　136
タネを守るため小規模家族農業を応援するスローフード協会　138
ゲノム編集農産物の汚染から在来品種を守ることが大切　141

コラム4-2　世界的なタネ不足　144
コロナ禍の中での世界的な菜園ブーム、雛を育てて卵も自給　144
タネ不足のため店で買ったカボチャからタネを取り出し　147

第5章 良い油の選択が地上に平和をもたらす 151

魚油サプリメントだけで凶悪犯人のキャラが一変 151
魚の消費量と鬱病・犯罪率が相関する 153
魚の油、オメガ3脂肪酸が炎症を防ぎ心も癒す 155
脂肪のバランスが崩れて乱される神経細胞の意思疎通 158
工業型のサラダ油と工場型畜産が歪めた必須脂肪酸のバランス 159

コラム5－1 からだに良い脂肪と悪い脂肪 164

なぜ脂は固体で油は液体なのか 164
酸化しやすい不飽和脂肪酸の問題を解決したトランス脂肪酸 166
飽和脂肪酸、トランス脂肪酸が油悪玉説の原因だった 167
トランス脂肪酸では細胞膜の流動性が低下することが問題 170

第6章 健康になり環境を守るため全食品に栄養表示を義務づけ 172

食と関連する肥満と病気から全食品に栄養表示を 172
よい食材には青信号、赤信号はそれなりに～フランス発「栄養スコア」 174

放牧された牛か薬漬けの牛の肉かも表示せよ　175
地中海料理の原則から栄養バランスを〜イタリア発「栄養バッテリー」　177
繊維を添加するだけでランクがあがるスコアなら加工食品メーカーに有利　180
大切なことはバランスが取れた食事をするための食育　182

エピローグ　186
あとがき——グローバル化時代の終焉　190
引用文献　221

第1章 小規模家族農業の解体と工場型畜産がコロナ禍を生んだ

新型コロナはなぜ中国の「武漢」で発生したのか

長期的なコロナ対策といえば、予防ワクチンの早急な開発がまず思い浮かぶ。二〇二〇年六月二日、厚生労働省は、新型コロナウイルスのワクチンを早期実用化する「加速並行プラン」を発表した。「二〇二一年前半に接種開始」し、最終的に国民全員に接種することを念頭に置き製造ラインを整備していくという。けれども、海外、とりわけ、欧米は違う。今回の新型コロナウイルスを含めて、パンデミックの原因が小規模家族農家の解体と工場型畜産にあり、ワクチン開発は根本的な解決策にはならないとの論説が展開されている。

米国スクリップス研究所の感染症の専門家、クリスチャン・G・アンダーセン教授らの遺伝子配列の研究によれば、新型コロナウイルスが研究室で人工的に造り出された可能性は低く、野生のコウモリが保有していたウイルスが中間宿主「センザンコウ」を介してヒトに感染したとされる。全身を鎧のような鱗に覆われた奇妙な哺乳類だが、中国では漢方薬として好んで食され、肉や魚介類他を販売する「ウェット・マーケット（食肉市場）」で売られていた[1]。米国、国立アレルギー・感染症研究所のアンソニー・スティーヴン・ファウチ所長も犯人として「食肉市場」を問題視する[2]。これまでに得られたあらゆるエビデンスが、そこを感染場所と見なしており、二〇〇二年の近縁種SARS（重症急性呼吸器症候群）の発生場所も同じ食肉市場だった[3]。世界的に著名な自然保護者、ジェーン・グドール博士も野生動物の商取引禁止を呼びかける[2]。とはいえ、話はそれほど単純ではない。ファウチ所長やグドール博士が主張する取り締まり強化は正しいが、そこだけを注視すると問題の本質が見落とされてしまう[4]。

確かに「コロナ」が「武漢ウイルス」と称されているように[2]、起源は武漢の食肉市場だ[4]。感染者が多発したことから、食肉市場での野生動物の肉の販売を禁じた[5]。けれども、原因とされる中国人の「エキゾチック」な食習慣はいまになって始まったものではない。なぜ、過去には発生しなかったのだろうか。また、「食肉市場」での感染ばかりに関心が向けられているが、コウモリからセンザンコウへの感染はなぜ起きたのだろうか[1]。さらに、一九四〇年代以降、出現した伝染病の七〇％以上は野生や家畜動物に由来する[6]。なぜ今回のコロナに限らず、こうした動物起源の感染症、すなわち、人畜共通感染症が世界中で発生し、かつ、その頻度も高まり、ここ数十年で加速化しているのだろうか[2,3]。関係論的地理学という学問分野がある。イギリスの科学ジャーナリストで、一九一八年のスペイン風邪についての著作もあるローラ・スピニー氏は、この考え方を用いて、コロナの発生原因が武漢の「食肉市場」だけではないわけを説明する[7]。

小規模家族農家を辺境に追いやるグローバル化がパンデミック多発の真因

「文化的な食習慣のせいにすることはできるが、その因果関係は人と自然との関係性にまで及ぶ」

スピニー氏は、米国のアグロエコロジー・農村経済研究団の進化生物学者ロブ・ウォレス博士の指摘を引用する。[1,7]

一九九〇年代以降、中国ではその経済改革の一環として、農業の大規模工業化を進める。結果として、数百万人もの小規模畜産農家が経済的に立ち行かなくなる。生計をたてるため、以前は自給用にだけ食されていたエキゾチックな「野生動物」の飼育に目を向ける農家も現れる。[1,3] 政府も飼育を奨励したことから[2]「野生食（ワイルドフード）」がオフィシャルにも認められ、高級品としてブランド化されていく。[1] 一方で、大規模工業型農業が平場の好条件の農地の多くを占有したことから、小規模家族農家は経済的にだけでなく地理的にもこれまで人が居住してこなかった森の端――コウモリやそれに感染するウイルスが潜んでいる場所の近く――へと追いやられる。ウイルスとコンタクトする頻度も必然的に高まる。[1,3] こうしてコウモリのウイルスが、センザンコウ等の中間宿主を介してヒトに感染するようになっていく。[3] つまり、コロナがパンデミックになるまでには、「エキゾチックな肉の売買」だけでなく、工業型農業と森林破壊、小規模家族農家の追い立てとなんとか生き残ろうとする農民たちの苦闘と、微生物、動物、ヒトと食べ物をめぐる複雑な構造的関係性が背景にあったのだ。[7]

トランプ大統領はコロナを「中国のウイルス」と呼ぶ。二〇一五年、WHOは病気の命名方法のガイドラインを発行し、特定の人間集団や場所、動物や食べ物を選んではならないとした。すべてが中国の責任とはいえないことからも、この表現は明らかに不適切だ。[3] ロブ・ウォレス博士は、病気の原因を特定する際には、物理的な地理ではなく、関係性、すなわち「マネーの流れをフォローせよ」と主張する。[1] なるほど、コロナを媒介したのがセンザンコウらしいことから、中国政府は一万九〇〇〇もの野生生物の飼育業を閉鎖した。[5] けれども、そのアグリビジネスは、中国の開放政策によって、完全に中国人が所有するものではなく、外国からの直接投資がなされている。[3] 例えば、二〇〇八年のリーマンショック後、ウォール街を代表する投資銀行であるゴールドマンサックスは、その投資先を多様化させて、中国の養鶏場にシフトさせている。[1] だが、逆もまた正しい。二〇〇九年には後述する豚インフルエンザのパンデミックがカリフォルニアで発生したが、これを「米国のインフルエンザ」とは呼ばない。というのも、その米国の農場も完全に米国人たちが所有しているわけではないからだ。そう。それには中国人が投資していたのだ。[3]

米国のパンデミック専門家、ハワイ大学医学部のデビッド・モレンス教授は「ウイルスが出現するために機能するグローバルな生態系が創り出されている」と警告する。[3] 確かに、エイズ、エボラ、西ナイルウイルス、SARS、ライム病と、最近のパンデミックのほとんどは、環境変化と生態系の攪乱に根ざす。[6] エイズとエボラが発生したのも、一九七〇年代に外国のトロール船のために西アフリカの地元の漁師が沿岸水域から追い出され、その後に「ブッシュ・ミート」、つまり、野生の肉に依存するようになったことが原因とされる。[1] となれば、野生の珍味への人々の嗜好ではなく、[2] これまで手つかずであった自然生態系へと家族農家を追いやった農業の大規模化政策、グローバルな利益追求型のフードシステムのあり方が、人畜共通感染症の本当の原因であることになる。[1,2] パンデミックは政治経済的なものなのだ。[3]

工場型畜産は、感染症ウイルスの製造工場

これとはまた別の理由からも、近代的なアグリビジネス・モデルは人畜共通感染症の出現に貢献している。[1]

いま、市場に流通している肉類の大半は、せまい空間に詰め込まれ、病気の感染を防ぐため抗生物質を投与され続けた家畜からのものだ。[4] 例えば、米国の工場型畜産場では九〇億頭以上もの家畜が飼育され、屠殺場にたどりつく前に数億頭が死ぬ。鶏も、通常の四倍もの速さで急成長するよう不自然に品種改良されており、数百万羽が屠殺される前に死ぬ。けれども、成長を早めた方が利益がロスを上回ることから、業界はこの飼育方法を続けている。[8]

イギリスのNGO「世界農業における思いやり」のフィリップ・リンバリー氏は、工業型農業は野生生物に対して壊滅的な影響を与えると語る。

「工業型農業が野生生物の減少と世界に残された野生地の破壊の主要な推進力だ。家畜を工場で飼育することは効率的に思えるが、その餌を生産するのに広大な土地が必要となり、それが、野生地への人間の侵入と生息地の破壊を引き起こす。動物に対して想像を絶する苦痛を引き起こし、さらに環境破壊も引き起こす。そして、工業型農業とパンデミックとは強く関連する。パンデミックの主な原動力は工業型農業な

のだ[9]」

前出のグドール博士も、コロナ禍の発生原因を、生物種の絶滅、森林伐採や自然の生息地の破壊等の乱開発に加えて、病気の貯蔵庫としての工場型畜産をあげる。

「野生動物に対する不敬、飼育動物に対する不敬が、病気が広まり人間に感染するこの状況を作り出したのです」

博士は、自然の生息地の破壊を止め、かつ、工場型畜産を廃止することが緊喫の課題だと語る。工場型畜産は抗生物質耐性菌の発生とも関連するからだ[4]。

新型コロナウイルスがどのように出現したのかはまだ完全には解明されてはいない。けれども、鳥インフルエンザH5N1や豚インフルエンザH1N1等のパンデミックウイルスに関しては、明確で、いずれも工場型畜産工場がルーツであると判明している[5]。

インフルエンザは人類史上、どのウイルスよりもパンデミックを引き起こしてきた[3]。そして、絶えず変異する。それが、毎年新たなワクチンが必要になる理由だが、変異速度は宿主によって違う。このことから、過去の中間宿主やそれが蔓延したおおよその時期が探れる。アリゾナ大学の進化生物学者、マイケル・ウォロビー教授は、この特性を活かしてインフルエンザがどのように進化してきたのかを研究しているが、教授によれば、約四〇〇〇年前に中国で飼育されていたアヒルから最初に人間へと感染する病気になった可能性が高い[1]。鳥インフルエンザウイルスは、過去五〇〇年間で推定一五回のパンデミックを引き起こしているが、国際獣疫事務局によれば、その頻度は近年ほど増えている[9]。ベルギーのブリュッセル自由大学の疫学者マリウス・ギルバート博士は、過去とは比較にならない飼育規模での「工場型家禽生産と鳥インフルエンザの出現とには明らかに関連性がある」と述べる[1]。博士によれば、高病原性鳥インフルエンザのほとんどがそこで発生し、かつ、ヨーロッパ、オーストラリア、米国のように豊かな国では中国よりも頻繁に起きている[1,3]。そのうえ、その毒性も急速に高まっているという[3]。

例えば、H5N1を含めて、米国の疾病予防管理センターが特定している一六株の新型鳥インフルエンザウイルスのうち、一一株は、H5またはH7タイプのウイルスに由来し、そのうち九株が家禽工場で抗原不連続変異によってヒトにも危害を与えるウイルスへと変異していた。H1N1も北米で出現したことが遺伝子解析から判明している[5]。

さらに、博士は、ウイルスの病原化は、豚でも起きていると指摘する。一九八〇年代後半に米国で最初に報告された豚繁殖・呼吸障害症候群は、それ以降、全世界へと広がったが、米国国立衛生研究所のマーサ・ネルソン博士らは豚インフルエンザウイルスの遺伝子配列をマッピングすることで、ヨーロッパと米国が豚インフルエンザの最大の輸出国であることも発見している[1]。ちなみに、一九一八年のスペイン風邪の起源も、おそらくは、米国中西部の養豚場だ[2]。

工場型畜産がウイルス製造工場にもなっている理由を、前出のロブ・ウォレス博士は著作『大規模農場が大インフルエンザを生み出す(Big Farms Make Big Flu)』でこう説明する[1,7]。

「七面鳥や鶏他が工場型農場に詰め込まれる密度。そして、赤身の肉等、望ましい特性に向けて数十年も行われきた育種選抜。こうした群れにウイルスが感染すれば、遺伝的に均一でばらつきがないから、たちどころに拡散していく。この飼育過程でウイルスの毒性が高まることも実世界での観察と実験の双方で確認されている[1]」

リバプール大学で獣医感染症を扱うエリック・フェーブル教授も遺伝条件が類似した家畜の群れが病気を発生させると指摘する[9]。抗生物質は成長を早めるのに役立つが、同時に非衛生的な過密状態の中で病気の蔓延を予防するためにも欠かせない。けれども、それが耐性菌の進化を促す。SARS、BSE（牛海綿状脳症）、豚インフルエンザ、鳥インフルエンザといった人畜共通感染症だけでなく、MRSA、サルモネラも工場型畜産農場で発生している[2、9]。

致死率六〇％のパンデミックが襲ってくる世界

高病原性鳥インフルエンザH7N9の最初の人間に対する症例は二〇一三年に発生したが、それは中国で起きた。WHOによれば一五六八名が感染し、少なくとも六一五名が死亡した[1]。今回の新型コロナの死亡率は二％以下だったが[5]、こちらは四〇％だ。そして、鳥インフルエンザH5N1型の場合であれば、致死率はさらに六〇％に高まる。二〇一七年に発生したH5N1型は原因が不明なまま鎮静化したが、決して安心はできない。二〇年以上も米国の疾病予防管理センターで新型インフルエンザ対策にかかわってきたナンシー・コックス博士は、突然変異の内容次第では核兵器に匹敵すると警戒する。致死率六〇％とは、現在の状況の三〇倍になるということだ[5]。グドール博士は、このままでは人類は「滅亡」すると警告するが、この警告が決して大げさではないことがわかるだろう[4]。

機関投資家で、畜産業関連イニシアチブの創設者ジェレミー・コラー氏は、最も著名なオルタナティブ投資家の一人だが、同団体の最新リポートによれば、工場型畜産と疾病発生との関連性は明らかで、大規模な肉類、乳製品、養殖業者の七〇%以上が閉鎖空間で密飼いをし、抗生物質も乱用し、安全基準も緩いことから、人畜共通感染症を助長するリスクにさらされていることが判明したという。氏はこう述べる。「工場型畜産は、パンデミックに対して脆弱であり、それを産み出すことから有罪だ。それは生命を危険にさらす自己破壊のサイクルだ。次のパンデミックを引き起こさないために、食肉業界は、食品と労働者の双方に対する厳格な安全基準、厳重に閉じ込められた飼育や過度の抗生物質使用に対処する必要がある」

ちなみに、同イニシアチブは、日本水産、プリマハム、日本ハムの三社についても昨年と同じく依然「高リスク」と評価している[4]。

問題はそれだけではない。米国で発明された「工場型畜産業」は、イギリスの作家ルース・ハリソンの表現では、家畜を文字どおりの「アニマルマシーン」と見なして、牛乳、卵、肉を生産している。現在、米国で販売されている肉の九九%以上はそれだ。けれども、本物の機械とは違って、アニマルマシーンの方は、簡単にスイッチを切れない。感染リスクがあっても、食肉処理場は操業を続け、市場が崩壊しているにもかかわらず、酪農家は牛を搾乳し続けなければならない[10]。米国の工業化されたフード産業は、低賃金の移民労働者によって支えられているが、その代表例が食肉処理工場だ[11]。食肉処理場では、困難で危険を伴う作業を低賃金でさせるため、メキシコはじめ各国からの不法移民労働者や刑務所の労働者を活用している[8,11]。数百人を狭い空間に密集させて長時間労働を行い、国家非常事態宣言が出された三月一三日以降も、食肉処理工場の操業は通常どおり続けられ、労働者の感染が確認された後でさえ、多くの工場では労働者にマスク等の個人防護具も提供せず、発熱等の症状を訴えても休むことができない劣悪な環境は続いた。当然、ほとんどのケースでウイルス検査もなされず、これらが折り重なった結果、食肉処理工場が「クラスター化」した。あるひとつの食肉処理工場は七〇〇人が感染という、米国最大の集団感染も引き起こした[11]。アイオワ州の食肉加工場でも二〇〇〇人の作業員のうち五〇〇人が感染した。この感染率はダイヤモンド・プリンセスの二〇％よりも高い[12]。つまり、食肉処理場がコロナウイルス感染のホットスポットとなった。結果として、何千人もの労働者が病気にかかり、数十が閉鎖された[4,8,10]。加工処理ラインが止まったことから、何百万もの家畜も殺されて捨てられたが、家畜だけでなく、そこで働く労働者も利潤をあげるための消耗品なのだ[8]。

二〇一六年に国連環境計画は「家畜革命」が人類共通の災害であると警告しているが[2]、工場の経済モデルを家畜生産にも適用したことが禍のもとで[10]、ウイルスが出現して蔓延する条件を作っていたのだ[6]。

根本的な解決策はワクチンにあらず～工場型畜産の製品をボイコットせよ

話はコロナ禍以前にさかのぼるが、日米貿易交渉が決着し、米国産牛肉の関税引き下げが決まった。米国産牛肉は輸入量全体の約四割を占める。「おいしい米国産牛肉が安く食べられる」と歓迎する論調も目立つ。けれども、米国産の牛肉や乳牛は、成長を早めるために人工ホルモン剤が投与されている。乳がん、子宮がん、前立腺がん等のホルモン依存性がんを誘発する発がん性物質の疑いが持たれている。EUは「安全性に問題がある」として一九八九年から輸入を禁止しているし、米国内でも、自国産の安価な牛肉にそっぽを向いて健康に良い有機やグラス・フェッド（牧草飼育）牛肉を選ぶ消費者が増えている。日本はホルモン剤を使用した牛肉の輸入は禁止していないため、行き場を失った牛肉が日本に向かうのではないか。ジャーナリストの猪瀬聖氏はそう警告する[13]。

成長ホルモンを投与すれば、コストは下がるが、安全性が犠牲にされる。安いものには必ずワケがある。東京大学大学院の鈴木宣弘教授は、そう指摘するが、教授は米国産食肉の安さのもうひとつの秘密が今回のコロナ禍で露呈したという。前述した食肉加工場の低賃金・長時間労働という劣悪な労働環境だ。本来、負担すべき環境コストを負担せずに安くした商品は正当な商品とは認められない。安いと言ってそれに飛びついてはならず、輸入を拒否すべき対象といえる。このため、欧州は持続可能性に配慮しないことによって不当に安く供給されるものは受け入れない、という明確な基準を設定している[12]。

米国において工場型畜産が利潤をあげて運営できている理由はまだある。それは補助金の活用だ。例えば、二〇一五年の酪農業界の収入の七三％、二二〇億ドル以上は補助金で、貿易赤字も二〇一八年は一四〇億ドル、二〇一九年は一六〇億ドルを受領することで埋めている。水をはじめとする資源も市場価格以下で優先利用でき、労働、環境、動物福祉他の法律も免除されることでコストを外部化できている[8]。

そもそも、工場型畜産でのタンパク質生産は効率性からして悪い[7]。植物ベースでタンパク質を得る一〇倍もの農地が必要だ。[2、5、7] 化学肥料や農薬を投入して飼料作物がモノカルチャー栽培されている。[5] タンパク質源を植物にシフトすれば、穀物、果物、野菜、ナッツ他が生産できるし、少ない農地と資源で多くの人を養え、エネルギー浪費も減り、自然生態系への負荷も大幅に軽減され、野生生物の生息地や生物多様性も取り戻せる[5、10]（コラム1－2参照）。気候変動や抗生物質耐性菌と関連したリスクも減らせる。[2、5、7] 工場型畜産業は、早急に解体されるべきだし、政府からの救済措置も受けるべきではない。[5] 最終的な廃止を目的として、これらへの補助金を終了し、環境や公衆衛生の外部経済コストを組み込むために畜産物に課税すべきだ。[2] 投資家、食品企業も畜産業からダイベストメントし、植物ベースの食材を製造するベンチャーに投資すべきだし、公的機関もリスクが高い瀕死の産業を支援して、現状維持のために苦闘するよりも、植物ベースでの代替タンパク質に投資すべきだ。家畜品と違って、製造ラインもオンオフできるし、食肉工場で働く労働者の健康と安全を危険にさらすこともない。[2、10]

けれども、そのことに対する世間の理解が不足している。マスクの生産には夢中になっていても、パンデミックを生み出している工場型農場や家畜飼育のあり方にまでは関心が向かないからだ。[4] 安い肉が街中にあふれ、工場型畜産業の問題点や非効率性がこれまで看過されてきたのは、政府からの価格支援や補助金が投入され、消費者が実際のコストを感じなかったからだ。[10]

前述したようにアグリビジネスが政治家たちに圧力をかけていることからグドール博士は「彼らの製品の購入を止めなければなりません」とボイコットを呼びかける。[4]

二〇〇三年のＳＡＲＳの発生時にＷＨＯは「接触の追跡、隔離という一九世紀の公衆衛生戦略に勝る最先端医薬品はない」と報告した。これは新型コロナウイルスにも該当する。今回の危機に対しては、ワクチン開発ではなく、さらに根本的な対策が必要だ。つまり、グローバルなフードシステムを変革し、工場型畜産業の終焉に向けて努力しなければならない[2]。それは、私たちの側からすれば、端的にいえば、肉を食べることを減らす、あるいは、食べることを止めるときなのだ[8]。

いま時代は転換点？〜環境意識を持つ政治家が選ばれるとき

古い習慣は変われる。コロナ禍の中で、いま、マメの販売は急増しているし[2]、植物をベースとした肉も前例がないほどの需要だ[10]。チキンは命がかかっていて安い食べ物ではなかったのだ[1]。予防のためならば、誰もが喜んでマメを食べることができる。コロナの大流行が一段落しても、さらに致命的な第二波、三波が発生しないようにその習慣を続けることが必要だ[2]。

スピニー氏は動物と人間とのインターフェースを管理することは重要だが、グローバル化された産業という大きな問題から目をそらすべきではないという。工業型農業とグローバル産業がなければ、コロナはフードマーケットに現れなかった。そのことを理解する指導者が必要だ。そして、それは、こうした業界に責任を負わせる政治家に投票することを意味すると述べる[9]。

『地球を救うことは朝食から』の著作のあるジョナサン・サフラン・フォアとサンディエゴ大学のアーロン・S・グロス准教授はこう述べる。

「工場型畜産とパンデミックのリスクの高まりとの関連性は、科学的にも十分に確立されているが、そのリスクを削減する政治的な意思は過去には存在していなかった。今こそ、その意志を構築するときだ。友人と懸念事項を共有し、子どもたちにも問題を説明し、食べ方を問いかけるときだ。もちろん、工場型畜産を変えることはおそらく簡単ではない。けれども、おそらく私たちの人生でいま初めてそれが可能になっている[4]」

ウォレス博士もこう語る。

「幸いなことにコロナウイルスは感染者の約三分の一を殺すH7N9やそれ以上に殺すH5N1よりも致死率がはるかに低い。そして、今のライフスタイルに疑問を投げかける。土地利用、自然保全、農業生産に対する考え方を変えるだろう。エコロジーや社会、疫学的な持続可能性に対してより高い意識を持つ政治家に人々は投票するだろう[1]」

それ以外に術がなく、家族を養うために必死で森林を切り開いている人たち。最も安い食べ物を選ぶ以外に選択の余地がないため病気にかかっている都会の人たち。グドール博士は、コロナ問題の根底にある人々の貧困にも目を向ける。そして、過度の消費主義と食生活を改めることを呼びかける。もはや残された機会はごくわずかしかない、「自然界との関係でターニングポイントを迎えています」と警告する。

「科学者たちは、将来の危機を避けるため、私たちの食生活を大幅に変え、植物質中心の食事へと移行しなければならないと警告しています。動物、地球、そして、子どもたちの健康のためにです[4]」

けれども、本当に時代は変わるのだろうか。産業界はこれまでどおりの産業を回復させるため直ちにロビー活動を展開した[8]。業界からの要請を受けて、トランプ大統領も、食肉処理場を重要なインフラと見なし稼働させ続けるために防衛生産法にもとづく操業継続命令を出した[8,10]。米農務省は食肉の安全検査規則を緩和し、一九〇億ドルを救済用に投じるとしているではないか[10]。

二〇二〇年六月二日、NGO「世界農業における思いやり」は、オンラインで、グドール博士と欧州委員会のステラ・キリアキデス保健衛生・食の安全委員と農業担当のヤヌシュ・ボイチェホフスキ委員の対談を仕掛けた[4]。

これに対するボイチェホフスキ委員の発言はこうだ。

「我々は、工業型農業のオルタナティブとして、持続可能な農業と育種の実践を常にサポートしていく」

そして、キリアキデス委員はこう述べた。

「集約型農業は豊富な食料を生み出してはきましたが、かなりの廃棄物があり、時には家畜の痛みもあります。こうした現象を私は深く懸念します。倫理的にも疑わしく、社会的にも環境的にも受け入れ難い。市民は多くを期待しています。農業が持続可能で、食料が手頃な価格であることを私どもは保証してまいります。EUは、欧州グリーンディール、新たに発表された生物多様性や『農場から食卓まで(F2F)』戦略を介して懸念に対応しています。こうした戦略では農薬の使用を削減し、生物多様性も奨励します[5]」

本当だろうか。次章で、欧州の戦略を見ていこう。

【用語】

●ハンタウイルス肺症候群（Four Corners hantavirus）。1993年、フォー・コーナーと呼ばれる米国南部のユタ、アリゾナ、ニューメキシコ、コロラド州で発熱及び急性呼吸窮迫症候群様の症状を呈する疾患がアメリカ先住民の間で流行した。米国疾病予防センター特殊病原体部門の研究者を中心に、その疾患がそれまで存在が確認されていなかったハンタウイルスに起因することが解明された。

●ヘンドラウイルス（Hendra viruses）。1994年にオーストラリアのブリスベン郊外のヘンドラで、馬と人間の呼吸器及び神経疾患が発生した検体から分離された。

●メナングルウイルス（Menangle viruses）。ブタ、ヒト、コウモリに感染する。1997年にメナングル近くの養豚場で2人の労働者が原因不明の深刻なインフルエンザのような病気で倒れ、メナングルウイルス抗体が陽性とされた。

●世界の農業における思いやり（Compassion in World Farming）。1967年に設立され、生きた動物の輸出、家畜の屠殺、工業型農業に反対するキャンペーンとロビー活動を行っている。

●米国国立アレルギー感染症研究所（US National Institute of Allergy and Infectious Diseases）。1887年に設立された海軍の病院と研究室をベースに1955年に設立された。米国国立衛生研究所を構成している27の研究所のひとつで感染症、免疫疾患、アレルギー性疾患の治療・予防のための基礎・応用研究を行っている。

●高病原性鳥インフルエンザウイルス（highly pathogenic avian influenza viruses）。鳥インフルエンザのなかでも、鶏に感染すると高率で死亡させてしまうもので、そのウイルスとしてはH5N1亜型、H7N9亜型がある。

●国際獣疫事務局（World Organisation for Animal Health＝OIE）。1924年に設立された獣疫に関する国際組織。日本は1930年に加盟している。

●抗原不連続変異（antigenic shift、抗原シフト）。2つ以上の異なるウイルス株あるいはウイルスに由来する表面抗原が組み合わさって新しいサブタイプのウイルスが形成される一連の過程。インフルエンザウイルスにおいてよく認められる。

●疾病予防管理センター（Centers for Disease Control and Prevention＝CDC）。ジョージア州アトランタにある保健福祉省所管の感染症対策の総合研究所。

●重症急性呼吸器症候群（Severe acute respiratory syndrome＝SARS）。SARSコロナウイルス（SARS-CoV）によって引き起こされるウイルス性の呼吸器疾患。2002年11月から2003年7月にかけて、中国南部を中心に流行し、広東省や香港を中心に8096人が感染し、37カ国で774人が死亡した（致命率約10％）。ウイルスの系統学的解析から、SARSコロナウイルスはコウモリ由来の可能性が高い。最初の症例が出たのは中国広東省の地元市場だが、市場で販売されていた食用コウモリから直接人間に感染したか、ハクビシンをはじめとした食用動物を中間宿主としてヒトへ感染したとされている。

コラム1-1

コロナ禍によって完全に様変わりした食料安全保障と食料主権

根本からの見直しが必要な工業型農業の技術的な修復は不可能

新型コロナウイルス禍で、どうみても持続可能ではないグローバルなフードシステムが抱える根深い問題がさらけ出された。第一は、サプライチェーンが瓦解する可能性[1]、第二は、大量の化石燃料や化学投入資材に依存し、有限な資源を枯渇させ、自然生態系や人々の健康に計りしれないほどの悪影響をもたらす工業型農業[2]。第三は、労働者の搾取や格差だ[1]。投げかけられた課題は、小手先のテクノロジーや多少の微調整によっては修復できないし、技術革新だけを頼りにこの窮地を脱することもできない[2]。そこで、その重要性が改めて着目されることになったのがアグロエコロジーと食料主権だ[1,3,4]。以前から国連食糧農業機関（FAO）や国連気候変動に関する政府間パネル（IPCC）、生物多様性及び生態系サービスに関する政府間科学-政策プラットフォーム（IPBES）の科学者たちが認めてきたように、持続可能でレジリアンスのあるフードシステムを構築するには、圃場、農場、地域とあらゆるレベルでのアグロエコロジーへのシフトが必要

だ。[2,5] そのことが、今回の危機でより明らかになったとも言える。[2,4]

アグロエコロジーは、現在なされている工業型農業とは本質的にパラダイムが異なる。化石燃料をわずかしか使わず、[2] 化学投入資材にも依存せず、生物多様性を強化し、循環を促進し、[1] 生態学的な機能を最大限に発揮させることで病害虫を抑制し、[5] 自然と調和しながら食料を生産していく。面積当たりでの収益も多く、かつ、多くの雇用が創出できるから地域経済にもいい。気候変動への適応力を高め、生物多様性の維持や湿地を含めた多様な景観保全にも寄与する。野生生物の生息地が生まれ炭素貯留機能が働くだけでなく、観光業にも役立つ。汚染を減らし、新たな病気へのリスクも減らせるから健康も改善できる。経済的に見ても有利なことが理論上からも経験上からも明らかになりつつある。[2]

どの農業も生態系を破壊し自然に反しているわけではない。自然と調和した農業もあり得る。[2] 修復しなければならない環境との亀裂は、[6] 農業にあるのではなく、短期的な利潤のために自滅的な集約型農業を推進したい人たちと、資源や生態系を保全し、自然と調和しながら地球の限界内で営まれる農業を取り戻したい人たちとの間にあるのだ。[1] アグロエコロジーでの生産が主流となれば、フードシステムの環境への負荷も軽減され、生産者にはまっとうな暮らし、消費者には安全で健全な食が担保される。[6] いいこと尽くめに思える。けれども、そのコアにあるのは「ローカルな農業」だ。実践できるかどうかは、それを行うコミュニティの能力と密接に結びつく。[4] 必要とされている主な「イノベーション」は、社会的なものだし、[2] 農業者の知識がベースとなる。[4] つまり、コロナ禍は「より短い」地産地消にシフトしなければならないことも投げかけている。[6]

グローバル流通時代の終わりとローカル化の始まり

新型コロナウイルスは、「いかにして食料を確保するか」という食料安全保障の問題も改めて投げかけた。[6] 開発途上国の貧しい飢えた人たち。彼らの飢餓や移民を防ぐには人道的な食料援助が欠かせない。これが、これまでの食料安全保障の主流派の議論だった。けれども、「だった」と過去形で表現しなければならないのは、今回のコロナ禍によって、その概念がことごとく変わったからだ。感染予防のためのロックダウン。食料危機への不安からスーパーで食料を買いあさる人々。食料安全保障は、開発途上国だけでなく、豊かな先進国の問題でもあることが判明したし、抽象的で他人事であった「食料安全保障」が、「満足のできる次の食事が支度できるか」という非常にリアルな日常風景となった。同時に、食材の調達方法や家庭での料理方法も変わった。様々な制約の中で、人々はやりくりしつつ創意工夫を重ねている。イギリスでは新たに始まった公共テレビ番組『調理をしよう』が、どうすれば戸棚に残された食材を余すところなく使い切るかを重視したレシピを放送すれば、[4] 食料品の価格が高騰したことから、世界大戦中に取り組まれた「ビクトリーガーデン」が世界各地で復活し、誰もが不足する流通を補完する一助として自給菜園を始めている。[1]

そして、南側では「分散型のローカル化」という解決策がすでに次々と誕生している。西インドでは、農業者自らが卸売業者となって、各家庭に農産物を配送する「家庭直送モデル（direct to home model）」が食料安全保障を担保する新たな形態として登場している。アジアでも、必要な人たちが農産物を得るため「地元流通センター」が急増している。

アフリカでも、グローバル・サプライチェーンが破綻し、中国からの廉価な輸入が途絶えたことから、地元でマネーが循環を始めた。例えば、ケニアのキスムではビクトリア湖産の地元の魚が売れ始めている。[6]

ますます重要となる食料主権と小規模家族農業

そして、また、今回のコロナ禍で最も犠牲を強いられたのは、栄養分を含むまともな食べ物が不足している地域だった。こうした地区ほど健康リスクも罹患率も高かった。[1] 二〇一二年の国連総会では、発展、人権、平和と安全の柱として「人間の安全保障」という概念が決議されたが、この概念と食料安全保障とは明らかにつながる。栄養がある食べ物を口にできることが、健康を確実にできる以上、全世界の各コミュニティにおいて栄養価のある農産物を確保することが「人間の安全保障」を高める第一歩なのだ。[4]

世界を養うことができるのは、大規模な工業型農業ではない。ＦＡＯの二〇一九年の研究によれば、世界の食料の八〇％は小規模家族農家によって生産されている。[1] 世界の農村住民の八六％はいまだに農業を主な収入源としている。[4] いま、生活必需品を蓄積するときではない。隣人に目を向け、こうした小規模家族農家と連帯することで、彼らの暮らしと地元経済を守るときなのだ。[1] 生産者とつながれば、消費者の栄養の健康との関連についての認識も高まる。[4] 持続可能性と食料安全保障とは密接に関連し、「食料主権」は食べ物や医療とも結びつく。コロナ禍の中で二一世紀の資本主義は色褪せはじめ、暮らしを維持するうえで、本当に何が必要とされているのかが改めて問い直されている。[1] そして、希望の兆しはある。豊かな国であれ、貧しい国であれ、社会的に取り残された人たちに対して、食料を供給しようと様々な努力が各地域では進んでいる。[4] ならば、コロナの危機を乗り越えた暁には、いままでの慣習に戻る必要はない。[6] どのような食べ物を口にするのか。口にする食料をどのようなやり方で生産するのかを私たちは選択できるし、別のやり方を選択することで、人と自然とが共に繁栄するより良い未来を作り出せる。[6]

コラム1−2 牛を野に放ち食を健全化すれば、有機農業で欧州は自給できる

地球を守るためには肉食系はご法度〜ゆるベジで一〇〇倍も地球を守れる

農業は環境に対してネガティブな影響を持つ。同時にますます飽食化が進む世界人口を養わなければならない。環境負荷の削減と食料増産というダブルバインドに直面している。[1]一〇〇年前の一九億人から七七億人へと世界人口が急増しても養えているのは、まさに工業型農業のおかげだが、[2]各章で指摘するように農地の拡大とともに生物多様性が失われ、森林破壊や泥炭地開発もかなりの二酸化炭素排出につながっている。[1]

環境負荷を減らしつつ、誰しもに栄養価が高い食料を提供する。未来目標は明白だが、目標達成のアプローチの中には相矛盾するものがある。例えば、化学肥料や農薬や先端テクノロジーをより活用することで効率化を図り、既存の農地の収量を増やすことが必要だとの主張だ。この戦略は、「持続可能な集約化」と称されることが多い。けれども、これまで環境を破壊してきたのはまさに生産性の向上だった。おまけに、生産効率が向上したにもかかわらず、いまだにグロー

バルな飢餓問題には終止符が打たれていない。こうした歴史的事実を顧みれば、高投入型の近代農業そのものが問題ではないか。この見解に立脚する人たちに提唱されているのは、外部投入資材を削減し、地域資源に依存してミネラル循環を改善する有機農業だ[1]。

また、温室効果ガスであるメタンの約半分が水田と牛のゲップに由来するように[2]、人類由来の温室効果ガスの二九％はフードシステムに起因し、そのほとんどが畜産が原因とされている[1]。オックスフォード大学のマルコ・シュプリングマン主任研究員の研究によれば、人口増加と加工食品や肉中心の西洋型の食生活が続けば環境に対する負荷が二〇五〇年までに九〇％も増え、地球の限界（プラネタリー・バウンダリー）を超えてしまう[3]。そこで、植物性の食事への転換の必要性が指摘されている。いまも、世界の穀類生産の三分の一は家畜飼料にふり向けられ、この飼料穀物を人間に向ければ、世界の食料事情を大幅に改善できるからだ[1]。

二〇一九年に出されたＩＰＣＣのリポートも、食品廃棄物とあわせて、肉の消費量の削減を指摘する。「全粒穀類、マメ類や野菜、ナッツ等の健康的で持続可能な食が、温室効果ガスの排出量を減らす」と述べ、野菜中心食に向けたシフトを対策手段のひとつとして提唱する[1]。

ロサンゼルスの栄養学者、シャロン・パーマー氏の指摘も同じだ。

「今のような食事をしていれば、地球はとても耐えられません。肉の消費量を大きく減らし、植物性食品にすることが、地球へのインパクトを減らすうえで、最も効果的なことが研究からも一貫して示されています[3]」

畜産物の生産消費が地球温暖化を引き起こしているといわれても意外に思えるが、シュプリングマン主任研究員の研究からは、それが農業系の排出量の七八%にまで及ぶことがわかる。なにより牛はそれ以外の家畜とは違って「飼料変換効率」が低い。

「牛を一キログラム太らせるには、平均して一〇キログラムの穀物が必要です。その飼料穀物を生産するのにも水、農地、肥料が必要です」

重量比でいえば牛肉は豚肉や鶏肉の約一〇倍も温室効果ガスを排出する。そして、豚肉や鳥肉はマメよりも約一〇倍も温室効果ガスを発生させてしまう。

「ですから、牛肉は、マメ類の一〇〇倍以上も排出するわけです」

そして、飼料作物を生産するうえでも、淡水資源や農地に負荷をかけ、窒素やリンも施肥され、それが海洋を汚染する。加えて、牛は反芻動物だから、消化する際に胃の中でメタンが発生する。シュプリングマン主任研究員によれば、植物性食中心のライフスタイルにチェンジするだけで、フードシステムからの温室効果ガスの排出量を半分以上も削減できる。加えて、農地や淡水の消費量を四分の一も節約できる。

「レンズマメやエンドウマメはこの地球上でも最も持続可能なタンパク質源です。育てるのにさして水が要りませんし、乾燥した厳しい気候条件下でも育ち、大気中から窒素を固定し、土壌中にそれを固定します。化学肥料もさして要さず天然の肥料のようにふるまいます。ですから、最も頼りにしたいタンパクなのです」とパーマー氏も言う[3]。

つまり、ベジタリアンの野菜中心食が地球温暖化防止に一番つながる。けれども、シュプリングマン主任研究員は、ゆるベジ（注）であっても「健康になれるし、温室効果ガスの排出を十分に減らすことができ地球の限界内にとどまれる」と指摘する。

「厳格に言えば、ビーガン食、次がベジタリアンですが、誰もがそうしたライフスタイルに興味を持つわけではありません。ですが、ゆるベジならば誰もがやれます」と、パーマー氏も言う。ゆるベジでは、果物や野菜と植物性のタンパク質が中心となるが、家禽類、魚、ミルク、卵、少量の赤肉、マメ類、大豆、ナッツも適度に食べる。『ゆるベジ食（The Flexitarian Diet）』の著者、栄養学者でもあるドーン・ジャクソン・ブラットナー氏は「それは完全に肉をあきらめなければならないことを意味しません。ですが、その摂取量をかなり減らせるのです」と述べる。[3]

欧州は有機農業に全面転換しても自給できる

「食料保障を担保しつつ、農薬を段階的に排除し、気候変動や生物多様性の減少に対する農業の影響を減すことは可能だ」

二〇一八年九月一三日、パリで開催されたアグロテクノロジー会議で、「欧州アグロエコロジー一〇年計画」（以下一〇カ年計画）の研究を発表したピエール・オベール博士はこう語る。[4、5]

「我々のシナリオは、生物多様性の維持と地球温暖化への対処という二つの目標のバランスを図ることを目指しています。ですから、炭素隔離のための農地への再植林は小面積しか想定していません。農薬を増やし集約的な農業生産を行うことで、再植林のために農地を解放するシナリオ（19頁で記述）とは違うのです[6]」

博士が属するフランスにあるシンクタンク、持続可能開発国際・関係研究所は、二〇一五年一二月の国連気候変動パリ会議（ＣＯＰ21）で特別代表を務めた欧州気候基金のローレンス・トゥビアナ理事長が創設した[4]、気候変動から誕生した研究所だけに博士は環境保全を重視する。

さらに、欧州全域での有機農産物の人気は、健康への食の影響が懸念されている証だとしてこう続ける[4]。

「農薬の消費者へのリスクはまだ不確実ですが、生産者の健康に関してははっきりしています。ですから、完全無農薬という最も厳しい選択をしてみました[6]。また、現在の地力は、大量の窒素投入によって維持されています。化学肥料を使用し[6]、南米から家畜飼料用に大量の大豆が輸入されている[4,6]。環境へのその悪影響にもかかわらずです[6]。それは、三五〇〇万ヘクタールの農地に匹敵します[4]」

博士は海外から一切大豆を輸入せず、自然な草地を復活させて牛や羊、ヤギ等を放牧させるシナリオを農業の転換の中心に据えた[5]。ヘッジ、池、樹木、石垣等を充実させることで、生物多様性や天然資源を豊かにし、厩肥の活用と輪作で化学肥料や農薬を段階的に削減していくことにした[4,5]。そして、無農薬・無化学肥料への完全転換シナリオによって、二〇五〇年には、農業からの温暖化ガスの放出量が四〇％（農業からの直接的な排出量が三二％、輸入家畜飼料と関連した森林伐採を含めて間接的に八％）も削減でき、なおかつ、天然資源も保護され、生物多様性も回復できるという[4,5,6]。

農業が多様化され生物多様性が維持されれば、異常気象へのレジリアンスが高まることも知られているから、博士は、アグロエコロジーが気候変動の解決策となると主張する[6]。

「アグロフォレストリー、生け垣、自然の草原の開発を中心に据えていますから、まだ定量化はしていませんが、さらに炭素隔離もできます[6]」

とはいえ、有機農業へと転換すれば収量は低下する。これは客観的な事実だ[1,4]。二〇五〇年時点での生産力を定量化するため、現在の有機農業の収量に育種や家畜管理の研究進歩を加味してみても、二〇一〇年と比較すると[5]、生産性は一〇～五〇％、平均三五％低下する[4,5,6]。有機農業では世界を養えないと批判されてきたのもそのためだ[1]。けれども、博士はこう続ける。

「収量が減少しても、投入資材費も減り支出が節約されることで、農業者の収入減は相殺されます。さらに、現状を克服するため、逆からこう問いかけてみたのです。どのような健康的で持続可能な食が必要とされているのだろうか。そのための農業モデルはどのようなものであろうかと」

博士らの研究が現在の食習慣から生じる健康への悪影響から始まっているのはそのためだ。リポートはこう述べる。

「糖尿病、肥満、心血管疾患。食事と関連した病気がただならぬ率で増えている。欧州では大量の食料が生産され、飽食がなされているが、その食事内容はＷＨＯや欧州食品安全機関が推奨するものに反して栄養的にアンバランスである[4]」

フードシステム転換の必要性は、環境だけでなく、医療の切り口からも寄せられていたのだ[5]。

「健康のために果物や野菜の割合を増やし、カロリー、家畜製品、砂糖の消費量を減らす必要性については、今も科学的なコンセンサスがあります[6]」

欧州食品安全機関の推薦に従って、穀類、果物、野菜、マメをより多く、畜産物や魚を減らし、食事のバランスを取り戻すシナリオを描いてみると[4,5]驚くなかれ。海外からの輸入大豆をカットしても、欧州圏五億三〇〇〇万人を十分に養えるのみならず、開発途上諸国で将来的に起こる食料危機のため欧州からの穀類輸出力を維持し、なおかつ、貿易上も重要な酪農製品、ワイン製品の輸出余力も保持できる結果が得られたのだ[4,5,6]。

気候変動が緩和でき、なおかつ、より健康な食事をすることで欧州が自給できることが判明した以上、次のステップは、アグロエコロジーがあたりまえのものとなったときに、社会経済的にどのようなインパクトがもたらされているかの未来絵図を描くことであろう[5]。どうすれば、アグロエコロジーに転換することができるのか。オベール博士は言う。

「持続可能な農産物が経済的に選択できなかったり、可能でない人たちがいます。ですから、アグロエコロジーの原則にそぐわない廉価な輸入品が消費されてしまうのです。ですが、消費者がこうした農業の必要性を確信し、選択できる経済手段を手にすればするほど、最も価値ある農産物へと自然に目が向けられることとなり、規制もより必要ではなくなるはずです」

有機農産物は贅沢品なのではないかとの問いかけに対して、博士はこう答える。

「アグロエコロジーは高価な『贅沢品』と見られることも時にはあります。ですが、それは慣行農業ではトータルなコストが反映されていないからなのです。環境や健康への悪影響といった外部不経済の代償は社会が支払っている。そして、アグロエコロジーはおそらく、生産性の向上にもつながるはずです。ですが、そこにおける『イノベーション』は、ハイテクの開発ではなく、むしろ生態学の理解に基づくものでしょう(6)」

[注] フレキシタリアン・ダイエット。米国で流行している。柔軟を意味する「フレキシブル(flexible)」と、菜食主義を意味する「ベジタリアン(vegetarian)」を組み合わせた造語で２００３年にヒットした。日本語では「ゆるベジ」と訳されている。

第2章 大転換するコロナ禍後のヨーロッパの農業政策「農場から食卓まで」戦略とは

欧州発のフードシステムを持続可能性のグローバルスタンダードに

二〇二〇年五月二〇日。欧州委員会は後述する欧州グリーンディールの柱として、生物多様性戦略とEUの新たな食料政策、「農場から食卓まで（F2F）」戦略をセットで打ち出した。[1、2、3、4、5、6、7]

キリアキデス保健衛生・食の安全委員はこう述べる。

「私たちは一歩進んでフードシステムを持続可能性の原動力にする必要があります。[3] 戦略は、食の安全性を確保し、地球の健康と調和させ、健康で公平で環境に優しい食へのニーズに応え、食べ物が生産・購入・消費されるあり方全体にプラスの変化をもたらすことでしょう。それは、環境、社会、市民の健康に役立ちます[3、8、9]」

戦略は、二七のアクションから構成されるが[2、4]、食品廃棄物の削減から健全な食生活まで[4、10]、生産だけでなく、流通から消費まで統合的な改革を目指す。[2、11] 食の全場面にわたってこれほど網羅的な提案がなされるのはEUの政策史上も類がないという。[4]

二〇二〇年六月二〇日。ロシア・シベリアのベルホヤンスクでは摂氏三八度を記録した。北極圏での過去六月の平均最高気温よりも一八度も高い。[12] 緊急を要する温暖化に対する欧州の戦略は二〇五〇年までに世界初の「気候中立な大陸」を達成することだ。この中心には「グリーンディール」がある。こちらも、エネルギーから、交通、自然との関係、暮らしのあり方から食のあり様まで、ありとあらゆる改革を目指す。ドイツ出身の初の女性委員長、ウルズラ・フォン・デア・ライエンは、人類の月面着陸に匹敵するものと賞賛する。[13]

この取り組みは、すでに韓国では欧州と連携して取り入れられ、[14] 日本でも多少は話題となっている。二〇一九年一二月二七日付の日本経済新聞の記事は「弱腰になればグリーン政党からの支持を失い、強硬政策に出れば既存勢力からの猛反対に直面するという難しい状況に置かれながらも、世界をリードするという『欧州の精神』を継承した新委員長に敬意を表し、その政策手腕に、今後も大いに注目していきたい」と書く。[15]

二〇一九年一二月一日の就任以来、このライエン委員長が重視してきたのが食だ。「食の持続可能性という課題に対処せずして、グリーンディールは達成できない」と一二月一一日には戦略を打ち出すことを発表。新委員会は「持続可能なフード戦略がグリーンディールの目標達成の鍵」とまで論じた。[2] グリーンディールはまさに新委員会の旗印なのだが、[16] その達成の鍵として柱に据えられたのが生物多様性戦略とF2F戦略なのだ。[6、10、17] 新たな循環型経済のアクションプラン、森林戦略等とも連携し、SDGsにも寄与し、農漁業者のよりよき暮らしを実現しつつ、健全な食を提供していくことになる。[2]

委員会は「これはグローバルスタンダードになるはずだ」とも述べる。[2] このF2F戦略をもって、欧州発の改革を全人類の暮らしのための持続可能性のスタンダードにしてしまうことを狙っている。[2,3,4] それがあながち手が届かない夢でもなさそうなのは、発表とともにカナダをはじめ英語圏では「欧州に学ぶべきだ」との論説が掲載され、[18] 農業投資サイトもタイムリーな政策と関心を持ち始めているからだ。[19]

これまでのビジネスに戻るのはもう止めようじゃないか

もとはといえばF2F戦略は三月末に発表される予定だった。[3,11] それが、二カ月も遅れたのはコロナ禍のせいだ。[3,4] 地球温暖化防止のためのCOP26も、一一月にグラスゴーで開催される予定だったが、翌年に延期された。[13] けれども、悪いことばかりではない。発表が遅れた分、コラム2－1に記載したように市民団体は内容に対して様々な要請活動をしてきたし、フランス・ティメルマンス副委員長の次の発言もお読みいただきたい。まさに、コロナ禍がもたらしたポジティブな影響と言えるだろう。[3]

「患者やその家族、最前線にいる医療従事者、仕事を失った労働者、不確実な未来に直面する自営業者や中小企業、株式市場の急落。多くの人たちが今も苦しめられている。けれども、差し迫った危機から抜け出したとき、そこには選択肢がある（略）。コロナ禍以前には何があっただろうか。あえて気候変動に言及せずとも、天然資源が枯渇し、危険な廃棄物や有毒な汚染物質が生み出され、人々や産業を危険にさらしつつ、生活水準の向上や雇用の確保に四苦八苦する。そんな炭素排出型の経済があっただけではなかったか。本当にこれが回復させたいものだろうか」

副委員長は自然が劣化して永久凍土が溶ければ、さらなる未知のウイルスに直面すると警告するとともに根底から問いを投げかける。そして、頭の中できれいな空気をイメージするかわりに今、中心市街地で実際にそれを嗅ぐことができる。大量生産や輸送が停止したことで、経済的に傷つきながらも、化石燃料が削減される可能性を垣間見ることができたと説く。

『旧来どおりのビジネス』をサポートすることは、時代遅れの経済モデルを固定化させ、いずれ立ち往生する資産に対して投資することにすぎない。石炭火力発電所を稼働させ続けることは、エネルギー産業の助けにはならない。むしろ、持続可能で競争力もある循環型経済によって質的な成長を目指すべきではないか[20]」

この見解は正しい。持続可能な食に関する国際専門家パネル（注1）のニック・ジェーコブス理事（ディレクター）もコロナの結果として深刻な飢餓が倍増するとの国連の予測を指摘し[21]、コラム2－2と2－3でも記載した専門家の見解――「緊急かつ根本的なシステム全体の改革が必要であり、『いつもどおりのビジネス』を続けることは、もはや実行可能な選択肢ではない。天然資源、我々の健康、気候と経済をかなり危険にさらす」――にも言及する[16、21、22]。

NGO欧州環境局（注2）のパトリック・テン・ブリンク氏も同じく、コロナ禍からの人命救済を最優先事項としたうえで「いつもどおりのビジネスに戻ること」は歴史的な間違いだと述べる[23]。海を越えたイギリスでの世論調査でも国民の六％しかコロナウイルス禍以前の経済に戻ることを望んでいないという[24]。これは、まえがきでも書いたとおり、何よりも経済が重視され「いつもどおりのビジネス」へのV字景気回復が望まれる日本の空気との大きな違いといえるだろう。

つまり、現在のフードシステムは危険な状態にあるし、地球の限界内に緊急に人間の活動を抑え込まない限りもたない。[15]とはいいつつも、一方で、副委員長は経済のことも忘れない。欧州でもコロナ禍のダメージもあって迅速な経済回復が必要なのだが、戦略が「EU復興計画の中心要素」であることを強調し、[10]競争力のある循環型経済を構築する機会となり、[3,20]一・八兆ユーロ（二〇〇兆円）以上の経済価値を創出するビジネスや投資機会の可能性も秘めているとみる。[10]

「コロナウイルスは、我々全員がどれほど脆弱で、人間活動と自然とのバランスを取り戻すことがどれほど重要であるかを示した。グリーンディールの柱となる生物多様性とF2F戦略は、人々の健康や福祉を守ると同時に、EUの競争力やレジリアンスも高める」[3]

「農業者は農薬使用を削減し、より健康的な農産物を生産しながら、農業を近代化できる。こうしたテクノロジーを発展させるうえで必要なのは、パリ協定に沿った公共調達、投資、そして、市場において解決策への必要性を生み出す好ましい環境規制だ」[20]

農地の一〇%を自然に戻し有機農業を三倍に

第1章で記述したように、コロナ禍は、まさに人類に対する自然界からの攻撃といえる。[1,25]多くの専門家は、生息地の消失や生物多様性の劣化を原因と見なす。[1,23]国連環境計画のインガー・アンダーセン事務局長の結論も同じだ。[23]生態系を破壊し、生息地を劣化させているのは工業型農業と農地の開発なのだから、[1,16,23]問題の根幹には「食」、持続可能ではないフードシステムがある。[22] 花粉を受粉させるミツバチ等がいなくなれば、食料も生産できなくなるが、これも集約型農業のせいだ。[25] そして、農業は人為的な温室効果ガス排出量の二三%も占めている。[23]

　こうしたこともあって、いま、コロナ禍が、あらゆる改革を進めるうえで恰好な口実となっている。委員会もこの波に乗る。ライエン委員長らが提唱する戦略は、経済的にもかなりの脱成長プロジェクトが提起されているのだが、まるで最もラジカルな環境政党が掲げる政策のようだ。[7] 生物多様性戦略では、パンデミックの再発を防ぎ、生物多様性の損失を逆転させるため、「Ｎａｔｕｒａ２０００ネットワーク」を完成させ、欧州の陸域と海洋の少なくとも三〇%を保護地域とし、[6,9,26] 野生動物や花粉媒介、天敵用のスペースを確保するため、農地の少なくとも一〇%をヘッジや湖沼等の自然へと戻す自然回復計画を提案する。[4,5,7,22,25]
「私どもの目標は野心的ではありますが、それは現実的なものです」とキリアキデス委員は語る。[10]

　戦略では、生物多様性と気候中立のため年間二〇〇億ユーロを投じて、今後一〇年で三〇億本の樹木を植栽する。[13,27] 現在、農地の七・五%を占める有機農業を二〇三〇年までに二五%にまで増やすのも生物多様性の損失に対処するためだ。[3,4,6,7,9,10,26,27]
「有機農産物市場は成長し続けており、さらに推進する必要がある」。生物多様性の保全に効果があるのみならず、雇用を創出し若い農業者も魅了することを戦略は強調する。[27]

　二〇一九年一二月一〇日の就任演説でも農業を担当するヤヌシュ・ボイチェホフスキ委員が新委員会の主な目的に有機農業の推進があることを強調したように、[11] 委員会は環境を保護して、持続可能な農業システムを創出するうえで有機農業の可能性を強調してきたが[27]、コロナ禍の中で有機農業がブームとなり、加盟諸国全域から売り上げの伸びが報告されていることも政策を後押しした。

なるほど酪農や牛肉等、打撃を受けた部門もある。けれども、IFOAM欧州のエドゥアルド・クォーコ事務局長は「全体としては、慣行農業のように外部投入資材にはさほど依存しないことから、レジリアンスがある」と語る[27]。

いかなる状況下においても市民に対して手頃な価格で食料を提供し続けられる堅牢にしてレジリアンスのあるフードシステムを構築すること。F2F戦略ではこれが柱とされているのだが[4,10]、キリアキデス委員はこの必要性がコロナ禍によって、とりわけ、シャープになったと述べる[10]。

アグロエコロジーに転換すれば農薬の半減は可能だ

二〇三〇年までに農薬の使用とそれに伴うリスクを五〇%削減し、肥料使用も二〇%削減。畜産及び水産養殖で使用される抗生物質の販売も五〇%削減することもF2F戦略には明記された[3,4,7,9,10,13,26,28,29]。「戦略が目的とするのは、野心的な目標での環境を含めた人々や農家へのリスク削減です」。キリアキデス委員は、農薬削減は欧州共通農業政策（以下CAPと表記）でも「最重要」で、加盟国もこの転換を促進すべきだと述べる[28]。

F2F戦略発表に先立つ二〇二〇年一月。欧州会計検査院は、現行制度は指標が不適切なうえデータも欠落していて、農薬リスクの適切な評価がなされていないとの勧告リポートを発表した[11,28]。

キリアキデス委員は「農薬の使用データの改善の必要性は誰もが承知している」と事実を認め「農薬統計に関する二〇〇九年法の改正を委員会として提案し、可能な限り透明性を図るよう加盟国にも協力を求める」と述べた[28]。今後、五割という戦略の削減目標を実現させるには、農薬の持続可能な使用に関するEU指令の改正等の法的根拠を明確化するとともに、統合病害虫管理等、具体的な減農薬農法の普及が求められよう[10、11、28]。けれども、それは不可能ではない。欧州作物保護局のジェラルディン・クタス局長は「五〇％という削減率は現実的ではなく、欧州の持続可能な食料生産モデルとしては望ましくはない」と批判するが[28]、リトアニア選出のミンダウガス・シンケビチュウス環境委員は、アグロエコロジーへの転換を支援すれば農薬の削減はできると述べる[10]。

ちなみに「聖櫃2020」（注3）のオリビア・ムーア博士によれば、戦略には、保健衛生・食の安全総局、競争総局、環境総局、漁業・海事総局、域内市場・産業・起業・中小企業総局企業・産業総局、貿易総局、国際協力・開発総局（注4）と様々な部局がかかわっているが、保健衛生・食の安全総局が主導している。農業・農村開発総局は、生産者の有機農業への転換は掲げているが、それ以外はほとんど携わっていないことも明確になってきたという。そう。農薬削減戦略は川上の農政ではなく川下の消費者政策主導だったのだ[16]。

確かに、F2F戦略は、重要な方向転換だ。将来世代のために、生物多様性や自然を保全しつつ、農家や漁師の暮らしを守り、手頃な価格で健全な食材を提供することで健康を維持し、気候変動も防いでいく[16、17、22]。そのために、戦略では、アグロエコロジー、有機農業、精密農業、アグロフォレストリー、カーボンファーミング等の普及を支援することとしている[5,11,27]。生物多様性戦略とあいまって、アグロエコロジーや有機農業への転換によって化学肥料や農薬、抗生物質が段階的に削減されていけば、ヨーロッパの農村全体が変わる[16,22,25]。

有機農業団体、ＩＦＯＡＭ欧州もフードシステムの核に有機農業を据えたことは画期的な決定と歓び、ヤン・プラーゲ代表はこう評価する。

「有機農業が環境にメリットがあることは実証されており、農業者が成功する経済モデルにもなっている。未来の持続可能なフードシステムの礎とする決定は正しい[27]」

移民労働者に依存するフードシステムが問いかけた食料安全保障

フード・ドリンク・ヨーロッパ（注５）は、欧州の飲食品業界を代表するロビー団体だが、同機構のメラ・フレーウェン総裁は、戦略を前向きな一歩と高く評価する。

「私ども飲食品業界は、ＥＵの農産物の七〇％を原材料として購入しています。このコロナ禍の危機の中、食料供給と食料安全保障を担保するための緊急計画を歓迎します[3]」

そして、こう続ける。

「私どもは、安全で栄養価が高く、手頃な価格での飲食品を消費者に提供し続け、コロナのパンデミックへのレジリアンスを示すことができましたが、差し迫るそれ以外の重要な課題、とりわけ、気候変動に備えて、さらにレジリアンスを強化する必要があります[4]」

なるほど、ロックダウンと需要の急変で一時的にサプライチェーンは混乱した。けれども、大きくみれば、食料は流通し続けているからだ。

けれども、前出のニック・ジェーコブス理事は、サプライチェーンがまだ壊れていないからといって、それはいまのフードシステムが持続可能な証拠でもなければ、公正であることも意味しないと鋭く批判する。たとえ、まだ建っていて見た目がきれいでも、土台が侵食されていれば、その家屋が安全でないのと同じように、コロナ禍は大きなひび割れを露呈させたと指摘する。[21]

実はEUは世界でも最大の食料輸入地域だ。同時にその工業化された農業はモノカルチャーで短い収穫期間に東欧や北アフリカからやってくる季節労働者に依存していることから、長く複雑なサプライチェーンがどれほど脆弱であるのかが明らかになった。[23] 今回の欧州での食料不足は農業生産力が不足したせいではなく、労働者不足によるサプライチェーンの混乱が最大の原因なのだ。[25] 西ヨーロッパ全域の農場で果物や野菜が畑で腐敗する恐れがあるのも移動規制で数十万人の移民労働者が不足したからだ。スペインは、EU諸国内でも野菜や果物の最大の輸出国だが、その労働者不足から不法移民が失業者と一緒に農場で働くことを認めたし、イタリアのテレサ・ベラノバ農相も「書類がなくても農場で働いたことがある人は合法化されるべきだ」と語った。ドイツでは職場が閉鎖されたり試験がキャンセルされたりした何百万もの人々や学生たちを農場とつなげた。[30] フランスのディディエ・ギヨーム農相も仕事がなくなった労働者に対し農場で働く農業部隊を呼びかけ、二〇万人も応募があった。[31] イギリスも常時七万〜八万人の季節的な収穫者を必要としているが、移動制限で穴埋めができないために学生や労働者を動員した。[30]

米国はさらに極端で、全農場労働者の約半分、一〇〇万人以上が不法入国移民だ。法律上の問題から、連邦政府からの二〇億ドルのパンデミック援助も受けられない[1]。

コロナ禍の最中でも、不衛生な状態で働くことを余儀なくされている季節農業労働者。契約が打ち切られないよう体調が悪くても働かなければならない配達ドライバー[21]。舞台裏の農場や流通現場で働く人たちこそが最も重要であるにもかかわらず、その賃金は安く、その仕事も社会的にさして評価されず、感染の危機で最も影響を受けている[1]。

売ることができないほど廉価な農産物価格に生産者が悩む一方で、健康的な食べ物を手にする機会がほとんどなく、食と関連した病気で苦しむ低所得層がいる。いまのフードシステムは環境的のみならず、経済的、社会的にみても、健全に機能していない。つまり、求められる第一は、社会的な改革、適切な収入に基づく暮らしの確保なのだ[21]。

ローカルな地産地消とアグロエコロジーで欧州は自給できる

伝統的な小規模で多様な農業を画一的な大規模なモノカルチャー農業へと変えていく。これがネオリベラリズムの主流の政策だった。けれども、新型コロナウイルス禍でさらけ出されたのは、まさに工業型農業によるグローバル化されたフードシステムの脆弱性だった。外的投入資材に依存していることから、大規模農業は活動停止を余儀なくされ、サプライチェーンも崩壊した[1]。その一方で、コロナの危機の中で市民グループや生産者は、農産物の流通販売で革新的なやり方を見出した。ＥＵ全域、フランスやポーランド等では、ＣＳＡ他の直販が急増している。サプライチェーンが短いため、危機の中でも良好に機能している。[27] イギリスでも脆弱な人たちを支援するため、地元企業とコミュニティ組織が努力し、公的機関もデリバリーネットワークを立ち上げた。[29] ルーマニアでは、地元の農民協会エコルラリスは、多様で栄養価のある食品の生産が食料主権とつながりがあることを認め、野菜のタネを三〇〇〇世帯以上に配布する草の根の努力を組織化した。[1] 各地域コミュニティで食料安全保障を担保する新たな方法が様々な企業や起業的農業者によって開発されつつある。[29]

コラム２－１でもふれるが、Copa-Cogeca（注６）やアグリビジネスは激しいロビー活動を展開し、[22]「化学肥料、農薬、抗生物質の使用を削減すれば、ＥＵの食料安全保障に深刻な影響を与える可能性が高い」と主張する。[32] これに対して、欧州環境局ら市民ＮＧＯの研究者は「不平等な工業型のフードシステムの欠陥のエビデンスが増え続けているにもかかわらず、『栄養』よりもむしろ『カロリー生産』に対して再び注意を向けさせ、『食料安全保障』を推進するとの欺瞞の下で、コロナの危機を利用して、本物の改革をなさせず、戦略に歯止めをかけようとしている」と鋭く分析する。[21]

なるほど、アグロエコロジーへと農業をシフトさせれば全体の生産量は減る。けれども、より栄養価が高く健康的な植物系中心の食事へとシフトさせれば、二〇五〇年までに、ヨーロッパ全域がアグロエコロジー農業で完全に養えることも研究から示されている[5,25]（コラム１－２）。つまり、アグロエコロジーによってより健康的に食べていける。[5]

現段階でも、すでに十分な食料が生産され、欧州のほとんどの地域は自給できる。それどころか、必要以上の酪農製品や肉類が生産されている。肉の生産量は四五％減ることになるが、半自然の草地を保全すれば生態系も復活する。[25] おまけに、EUで生産されるナタネの六〇％はバイオディーゼル燃料用のものだし、ドイツ等で栽培されているトウモロコシの多くもバイオガス発電用のものだ。それでいて、不足分を域外から輸入しているから、世界のそれ以外の地域で森林が破壊され、温室効果ガスが排出されている。したがって、バイオエネルギー用のトウモロコシやナタネ生産のあり方を見直し[25]、欧州がアグロエコロジーに転換すれば、全世界の食料安全保障が改善できるし、環境の劣化が防げる。[5]

前述したように、持続可能なフードシステムへと転換するには、より植物質が多い健康的な食生活パターンへと集団的にシフトすることが必要だ。健康的で持続可能な食の選択が「デフォルト」となれば[21]、食と関連した非伝染性疾患（心血管疾患、肥満、糖尿病、特定の種類のがん）も防げる。[5] それには、手頃な価格で健康的で持続可能な食生活を送ることができる「食環境」が創り出されなければならない。[21] ボイチェホフスキ委員は「欧州におけるオーガニックの発展への主要な障壁は消費だ」と述べ、小売レベルでの市場に問題があることから、様々な手段を用いて消費者需要を刺激すれば戦略目的が達成されると見なす。[11] 有機農業の推進キャンペーンやグリーンな公共調達を介して、消費者への信頼と需要を担保することに取り組むべきだと付け加える。様々な機関における「仕出し」においても健全で持続可能な食を促進するため、持続可能な食材調達のため義務的基準のあり方も決定していくという。[27]

もちろん、この戦略はビジョンを表すものにすぎず、その目標は法的に直接拘束されるものではない。「戦略は人々に対して何をすべきかを告げるものではない」とティメルマンス副委員長も言う。[10] 委員会は欧州議会と理事会に対して、二つの戦略を承認するよう要請するとともに、[3] 持続可能な未来に向けて、共同で取り組むため、あらゆる農業生産者、消費者、企業、市民が一堂に会して幅広く公開討論に参加することを求めている。[2,3] 子どもたちの未来のために希望をもたらす道が選択されなければならないし「まだ間にあう段階で、効果的な政策が法律化されたおかげで、いまはこうなっている」と告げたいではないか。[1] ひとつの鍵は有機給食なのかもしれない。ということで、次章では鍵となる有機給食の動きを見てみよう。

［注1］持続可能な食に関する国際専門家パネル（International Panel of Experts on Sustainable Food＝IPES-Food）。パネルは、食料と農業システムに関する世界的な議論のギャップを埋めるために2014年に設立され、元国連の食料特別報告者オリヴィエ・ドゥ・シュッテルとケニアの元ユニセフ代表オリビア・ヤンビが共同議長を務めている。

［注2］欧州環境局（European Environmental Bureau＝EEB）。35カ国以上にメンバーを抱えた欧州最大の環境市民のネットワーク。

［注3］聖櫃2020（ARC2020）。EUのCAPの影響を受ける課題に取り組む150を超す市民社会のネットワークと組織。プラットフォーム。CAPの改革に先立って2010年に設定された。

［注4］農業・農村開発総局（Agriculture and Rural Development＝AGRI）、競争総局（COMP）、域内市場・産業・起業・中小企業総局企業・産業総局（Internal Market, Industry, Entrepreneurship and SMEs＝GROW）、漁業・海事総局（MARE＝Maritime Affairs and Fisheries＝MARE）、保健衛生・食の安全総局（Health and Food Safety＝SANTE）、環境総局（ENVI）、国際協力・開発総局（International Cooperation and Development＝DEVCO）、貿易総局（TRADE）。

［注５］フード・ドリンク・ヨーロッパ（Food Drink Europe）。１９８２年に設立された食品業界連合。19の主要食品及び飲料会社を含む26の全国食品関連連盟によって結成されている。

［注６］Copa-Cogeca は、欧州の農業生産者が組織する団体で、欧州農業組織委員会 Copa とＥＵ加盟国の農業共同組合によって構成される欧州農業協同組合委員会 Cogeca の組織するＥＵ最大の農業団体。Copa と Cogeca は、独立した組織だが、両者は共同で事務局を設置し、主にロビー活動を行っている。

【2刷にあたっての補記】 36頁では農地の7・5％を占める有機農業を２０３０年までに25％にまで増やすとの計画が打ち出されたと書いたが、２０２１年12月３日にアップデートされた「Organic Farming Statistics European Commission」の最新データは８・５％（２０１９年）となっている。10％を超す国をあげると、多い順番にオーストリア25・３％、エストニア22・３％、スウェーデン20・４％、スロベニア16・３％、イタリアとチェコ15・２％、ラトビア14・８％、フィンランド13・５％、デンマーク10・９％、ギリシア10・７％、スロベキアとクロアチア10・３％となっている。なお、一番高いのはリヒテンシュタインで41・０％である。

コラム２－１

「農場から食卓まで」戦略をめぐる既得権益と市民社会とのバトル

農薬削減量は八割とゼロの中間で五割に決着した？

在ドイツの若き環境活動家の谷口貴久氏は「その国の政府や企業やメディアが、その国の国民のレベルを超えることはない」とのメッセージを発信しているが、まことに正鵠を射ている。[1]「社会問題の核心に触れ、無知を智に変える」をスローガンに食をはじめとする諸問題を解析するサイト「シフト」も「この世界が『善』ばかりで動いていないことを知る必要がある」と主張する。「この世界がそのような悪事ばかりで動くわけがないし、なんとかなる」という発想自体がすでに「特定の世界観に閉じ込められている」、どのような会社でも出世ばかりを考える利己的な人がいるように、こうした利己的な活動はより大きな組織や団体、国家単位でもあると注意を促す。[2]まさに欧州においても同じだ。農薬行動ネットワークヨーロッパのマーティン・ダーミン環境政策担当は「委員会が農業を根本から改革する必要性を認めていること自体が革命だ。化学合成農薬が生物多様性の衰退の主な原因だ。回復には、さらに多くが必要だが五〇％は進歩的な目標だ」

と戦略を素直に歓迎するが、[3] この数値が最適なわけではない。もともとNGOや三〇万人以上の市民が望んでいたのは二〇三〇年までに八〇％の削減、二〇三五年には完全廃止だった。[4,5] 農薬ロビー団体は削減そのものに反対するか自発的な目標を主張していた。なればこそ、聖櫃2020のオリビア・ムーア博士は、「化学合成農薬を削減し有機農業を増やす戦略は、現在のCAPと比較すれば大きな推進といえるし、注目に値する」と評価する。[5] オーストリア選出のさるEU議員は「アグリビジネスや産業ロビーの活動は、欧州の希望に制約を加え、すでに戦略の内容を骨抜きにしてしまった。彼らとの戦いは今後もさらに厳しくなろう」と嘆くが、[6] 確かに、市民ニーズと政治、企業側のロビー活動との間には大きなギャップがある。[5]

例えば、欧州議会の最大政党、欧州人民党は[7,8]「コロナのパンデミックの最中に食料政策の大きな変更を求めることは如何なものか」と反対し、[7] 戦略発表を少なくとも夏以降に延期するよう二〇二〇年三月二七日に要請した。[7,8,9] チェコ共和国のアンドレイ・バビシュ首相のようにグリーンディールそのものを「一時停止して延期せよ」との声もある。コロナ禍の中、気候変動や生物多様性の問題に対処している余裕はないというのだ。[10]

アグリビジネスも激しいロビー活動を展開した。[8] 欧州最大の農業者団体で、二二〇〇万人の農業者を代表するCopa-Cogecaも、コロナの影響から、アセスを実施する方が先決で戦略を放棄せよと主張した。[8,9,11]「代替手段がすぐには利用できず、開発のための時間や投資が必要だとすれば達成できないではないか」との論理を展開した。[12]

ここでも理由とされるのはコロナだ。食料供給を維持する必要性が高まる中、F2F戦略では化学肥料や農薬、抗生物質が削減されようとしている。「これでは、生産量、すなわち、EUの食料安全保障に広範な影響を与える可能性が高い」。こう主張して、欧州議会のノーバート・リンス農村委員会委員長に訴えた[9]。

すでに現在でも脆弱となっている地球環境。にもかかわらず、今回のコロナの危機を利用し「食料を増産する必要がある」と主張して、集約型農業をさらに推進しようとするロビー活動は愚かとしかいいようがないのだが[13]、このロビー活動は功を奏した。欧州人民党から要請がなされたわずか数日後、委員会は、生物多様性戦略とF2F戦略の発表延期を決定する[8]。

マネーよりも命の選択を〜市民NGOからの反撃の声

けれども、市民側も負けてはいない。すでに欧州人民党の延期の呼びかけに加えての、Copa-Cogecaのロビー活動は、多くの市民団体を怒らせた[9]。アグロエコロジー欧州、地球の友欧州、WWF、グリーンピース欧州、IFOAM欧州、スローフード欧州、聖櫃2020等、四〇もの市民組織が、環境NGO等の市民組織と力を合わせ、コロナ禍を悪用しようとする動きに反対し、工業型農業を終わりにし、生物多様性とF2F戦略を二〇二〇年四月に発表するよう要求した[11,13]。

「より持続可能なEUの未来に向けて委員会が積極的に導いていることを示す、これほど適切なときは今をおいてありません。その中で持続可能でレジリアンスのあるフードシステムは不可欠です。さらに、二つの戦略を同時公開することで、強力にして統一され一貫した、環境、気候、公衆衛生、社会的アジェンダが明確に示され、CAPとフードシステムに対する明確なビジョンが設定されます。F2F戦略、生物多様性戦略、そして、欧州の農村の長期ビジョンは一体のものなのです」——聖櫃2020　ハンス・ロレンセン

「戦略はこれまで以上に重要です。現在のコロナの危機で工業型のフードシステムの脆弱性が明らかになる中、地元で生産者と消費者とが連帯して回復力を示しています。今が行動するときでなければ、いつがそうなのでしょうか」——スローフード欧州　マルタ・メッサ

「地元に適応した多様な有機のタネはフードシステムを脅かす生物多様性の劇的な損失に歯止めをかけるうえで大きく貢献します」——ノアの箱舟　ベルント・カイトナ

「アグロエコロジーへの転換は選択ではなく、必要不可欠なものです。将来のパンデミックの可能性を減らすことから、ショックに対するレジリアンスの強化、豊かな農村経済の再建、気候変動を抑制することまで、そのメリットは多岐にわたります」——アクション・エイド（注1）イザベル・ブラチェット

「地方分権に基づく分散型農業は、レジリアンスを高め、小規模な食料生産者の能力を強化できます。これは明らかに、CSAから地元のファーマーズマーケットやショップでの直販、すなわち、戦略が強化しようとする地域的なアプローチを意味します」——ウージャンシー（注2）

こうした文書がティメルマンス副委員長、キリアキデス保健衛生・食の安全委員、ボイチェホフスキ農業委員、シンケビチュウス環境委員に送られた[11]。

農薬削減、遺伝子組み換え（GMO）規制、工場型畜産の解体のいずれもが不十分

こうした市民の働きもあって発表された戦略だが、有機農業者も全員が賛成しているわけではない。例えば、アイルランド農民協会のティム・カリナン会長は、低価格のまま有機食品を生産することは非現実的だと批判する。

「彼らは、有機基準を満たす食料が生産されることを望みますが、それも従来の価格のままでだというのです。これは、小売業者が数十億を稼ぎ続けながら、農民へは低価格の支払いに終わる可能性があります。EUは、欧州農民に課す基準を常に増やしたいのに、はるかに低い基準しか持たずEUの基準を満たしていない他国からの輸入食品で貿易を行っています。こうしたEUの戦略は、欧州の農家を廃業させ、欧州をこれらの輸入に依存させ、食料安全保障を脅かすため、逆効果になる可能性があります[12]」

バイテク産業界からのロビー活動によって「サプライチェーンの持続可能性を改善する選択肢」としてクリスパーキャス9を用いた新世代のGMO、「ゲノム編集」食品が提案されたことも気になる。二〇一八年七月には欧州司法裁判所は、ゲノム編集食品も既存のEUの安全基準に従う必要性があるとの判決を下したが、この戦略に位置づけられたことによって、安全性が確認され

ないままゲノム編集食品が生産販売される可能性もゼロではなくなった[4,5]。スローフード欧州のメッサ代表は戦略にゲノムが含まれてしまったことを悔しがる[14]。

地球の友欧州とグリーンピース欧州は、生物多様性戦略においては工場型畜産の環境や公衆衛生への悪影響が認められているのに[15]、F2F戦略では、「革新的な飼料添加物」による輸入飼料の代替や「オルタナティブな飼料」の開発が提唱されているだけで[4]、畜産物の具体的な削減計画を欠いていることも懸念する[4,6,15]。グリーンピース欧州のマルコ・コンティエロ農業政策担当局長はこう指摘する。「委員会はようやく科学者の警告を受け入れ、畜産物の大量生産と消費が健康を害し、自然を破壊し、気候変動を引き起こしていることを認めました。ですが、それに対して何もしないことを選択しているのです[15]」

プロベジ・インターナショナルのジャスミン・デ・ブー副代表の批判はさらに痛烈だ。「今日、発表された戦略は、本物の持続可能なフードシステムを目にしたかった私たちには大変なショックです。食料政策の成功には、乳製品や肉類の削減目標が欠かせません。それがなければ、二〇五〇年までに欧州を気候中立にする計画は失敗するでしょう。委員会に対して計画を再検討するよう要請するつもりです[6]」

地球の友欧州も、畜産業を削減する具体的な法律の欠如、ゲノム編集食品の促進、不適切な農薬削減目標を懸念する[4,6,14]。キャンペーン担当者ミュート・シンプフ氏の批判も辛辣だ。「工業型農業がエコロジーの崩壊を引き起こしているのに、F2F戦略の農薬や工場型畜産への規制は弱いままで、ＧＭＯに対しても規制を弱める扉が開かれたままです[4、6、14、15]。アグリビジネスの幹部たちは今夜はぐっすりと安眠できることでしょう[4、6]」。

戦略には生物多様性に関して貿易を規制するアイデアも初めて含まれた。非財務情報を規制する非財務情報開示指令（注３）に基づく生物多様性の報告義務を統合し、税制と価格設定を推進して、実際の環境コストを反映し、デュー・デリジェンス・アプローチ（注４）が検討される。

けれども、この提案には拘束力がない。効果も最小限にとどまる可能性が高い。そこで、シンプフ氏は「ですから、委員会がこのアイデアを具体的に法律に盛り込むことが重要なのです」と述べる[4]。

欧州ビアカンペシーナも、新型コロナウイルスの世界的なパンデミックやグリーン・ニューディール、Ｆ２Ｆ戦略につながった環境問題への高まる懸念という現実をＣＡＰが反映していないと批判する。欧州は生産と廉価にして不健康な食べ物のコストを外部化している。それは、食料を全国民のための基本的な権利ではなく商品へと変える経路だ。この競争的なダンピングが工業型農業を発展させ、何百万ものＥＵ内の小中規模家族農家を離農させているが、コロナウイルスの危機によって、グローバル化された生産チェーンへの依存の脆弱性がさらけ出された。小中規模の家族農家や農村労働者の重要性がますます明白である。グローバリゼーションやネオリベラリズム政策で引き起こされた深刻な結果を目にした以上、欧州の農と食は、ＷＴＯ協定や自由貿易協定から押しつけられたグローバルなフードシステムに依存する必要もなければ従う必要もない。多国籍企業、WTO協定や自由貿易協定の利潤よりも、農業者や市民の需要を優先させ、食を再ローカル化せよ。CAPの改革の基礎に食料主権の原則を据えよ。より公正なCAPを創設し、委員会のグリーンディールの目的や方針に沿って、持続可能で民主主義的なCAPとフードチェーンを創設せよ、と訴える。[16]

温暖化を防ぐために有機農業の活用を──若者たちもCAP政策転換を求める

気候変動対策ネットワーク・欧州のウェンデル・トリオ理事は「新型コロナウイルス禍の中、政治家も迅速に対応し、よりレジリアンスのある持続可能な経済を構築しようとしています」と二つの戦略を評価する。ヨーロッパの緑の党の共同議長で、有機農家でもあるトーマス・ワイツ議員も、人類の活動を地球の限界内に抑えるには、とりわけ、農業政策でのF2Fと生物多様性の二戦略が鍵になると語る。

「気候変動対策の強化とともに、生物多様性の回復と持続可能な農業の実践が、パリ協定の目標を達成し、よりレジリアンスのある持続可能な経済を構築するための鍵となる」[7]

けれども、グレタ・トゥーンベリさんの学校ストライキから始まった一〇代の若者たちが始めた運動、フライデーズ・フォー・フューチャーはもっと手厳しい。

欧州委員会のティメルマンス副委員長とオンラインで対決し、農業からの温室化効果ガスの排出を削減し、現在の農地の面積に基づく補助金を転換し、炭素を少ししか排出せず「公共財」を供給する農業者に対する支払いへと変えるよう求めた。[15,16] 三六〇〇人以上の科学者が警告（コラム2－2）したことも指摘し、[17] 気候危機に対処するにはＣＡＰの見直しが欠かせないと主張する。[15,17,18]

新型コロナウイルス禍で、グローバルなフードシステムの脆弱性が露呈され、不十分な賃金で季節労働者や農業者が苦闘することを指摘し、同時に「皮肉なことに、農業は多くの解決策も提供できます。畜産物の生産消費を半減させれば、排出量を最大四〇％削減できますし、ＦＡＯが明らかにしているように、泥炭地の回復や土壌カーボンへの隔離で排出量を削減できる可能性があります。土壌は私たちの隠された味方なのです」と指摘する。[17]

欧州が気候中立を到達するには、直接支払いを公共財への支払いへと転換し、土壌や植生中の炭素貯留に努力する持続可能で気候に優しい小規模な農業への転換に公的資金を提供する必要があると述べる。[15,18]

「遅すぎることはありません。政治家たちは、気候危機と生物多様性崩壊に対抗する大きな望みが農業にあること、いまのＣＡＰがそれを破壊していることを認識しなければなりません」[15]

ライエン委員長の月面着陸（32頁）に対しても、フライデーズ・フォー・フューチャーのメンバー、ティルマン・フォン・サムソンは「これまで議論されてきた内容はすべてパリ協定に適合していません。現在の農政はボクたちの未来にとって差し迫った脅威です。いまのＣＡＰ提案がもたらす未来は、月面着陸とはほど遠い。農業で気候変動を防げる可能性があるのに、温室効果ガス排出量の削減に前向きではないどころか、その希望を打ち砕くものだからです。だから、新しいCAPを始める必要があるんです」と批判する[18]。

委員会が食と農業、エコロジーでの危機に対して首尾一貫した政策を提示したことは初めてのことだけに、地球の友欧州も「多くの積極的な対策が含まれている」とまずは評価する。けれども、不十分な点もあると手厳しい。

「欧州グリーンディールでは、成長戦略を立てることができますが、F2F戦略は、成長とは両立できないことを示しています。いくらエネルギー効率化のラベルを冷蔵庫に貼ってみても気候変動は止まりませんし、食品にエコラベルを貼ってみても生態系の崩壊は止まりません[4、6、15]」

バスク大学のゴイウリ・アルベルディ博士らも「グリーンな経済成長のパラダイムを超えて動く必要性が圧倒的なまでにエビデンスから示されております。欧州グリーンディールのパラダイムは、持続不可能なロックインと根強い格差を永続させます」と成長そのものに疑問符をなげかける[19]。

谷口氏の指摘どおり、農薬削減、有機倍増という一見素晴らしく思える委員会の戦略も確かに、その国の国民のレベル以下での政策提言でしかないのである。

［注1］アクション・エイド（Action Aid）。世界中の貧困と不正を防止することを目指す国際NGO。1972年にイギリスがインドとケニアで子どもたちを支援したことを契機に設立。本部は南アフリカで、アジア、米国、ヨーロッパと45カ国にオフィスがある。

［注２］ウージャンシー（ＵＲＧＥＮＣＩ）。まちとむらの新しい連帯＝国際提携ＣＳＡネットワーク。２００４年、フランスのＡＭＡＰが中心になり発足した。

［注３］非財務情報を規制する非財務情報開示指令（ＮＦＲＤ：Non-Financial Reporting Directive, Directive 2014/95/EU）。
https：//home.kpmg/jp/ja/home/insights/2020/03/tcfd-eu-20200304.html

［注４］デュー・デリジェンス（Due Diligence）。投資を行うにあたって、投資対象となる企業や投資先の価値やリスクなどを調査することを指す。組織や財務活動の調査をするビジネス・デューデリジェンス、財務内容等からリスクを把握するファイナンス・デューデリジェンス、定款や登記事項等の法的なものをチェックするリーガル・デューデリジェンス等がある。

コラム2−2

全欧州からの三六〇〇人以上の科学者がCAPに改革を呼びかけ

少数の既得権益集団を利するための「ゆるエコ」で規制が歯抜けになることを懸念

欧州がアグロエコロジーに転換するうえで最大の障壁となっているのはCAPだ。[1] CAPは、世界でも最も巨大な補助金で、[2] 年間五八八億ユーロ（七兆四〇〇〇億円）とEUの総予算の約三六％を占める膨大な資金が農業部門に投入されている。[1、3、4、5、6] 市民一人に換算すれば年間約一一四ユーロ（一万四〇〇〇円）だ。[5、7]

いま、欧州では、委員会からの提案を受けて、二〇二一〜二七年にかけての次期CAP対策のあり方と二〇二〇年以降のEU予算に関する議論が進行中で、この夏にも欧州議会が提案を採決する見通しだ。どのような条件の農業に対してどれだけの経費を割りふるか。これによって、今後一〇年の欧州農政の方向性が決まることになる。[1、2、3、4、8]

「多くが犠牲となり、ただ少数の利益だけが守られている」[4]。二〇二〇年三月。六三カ国からの三六〇〇人以上の科学者が、委員会案では環境破壊に歯止めがかからず、自然も回復できない。「大幅な改善が必要」と共同宣言し、欧州議会、理事会及び委員会に対して一〇の緊急アクション(注)を提案した。[2,3,4,8,9]何千人もの科学者たちによる緊急の提言は前例がないが、[8]タイミングからすればまことに時宜を得ている。[3,8]

市民社会やシンクタンクからだけでなく、科学者からも批判の声が寄せられているのは、[1]現在の制度下では、全予算の約八〇%が農薬を大量使用する大規模集約農業や工業型農業に対して提供されているからだ。全体の約二〇%を占めるにすぎない工業型農業が補助金で支えられていることが、気候変動、生物多様性の損失、大気や水質の汚染、土壌の劣化を引き起こしている元凶なのだ。一九八〇年以来、EUでは、農地環境では野鳥群集数が五七%も失われ、ミツバチ他の受粉昆虫も減少している。それでいて、農業者の暮らしを守るという社会経済的な目標も達成できていない。[3,4,5,7,8]

農場で健全な食べ物が生産されるには社会的革新や知的革新が必要なのだがCAPは、それに役立っていない。[6]営農内容とは無関係にただ規模だけに応じて補助金が支給されれば、当然、自然と調和した小規模家族農家は手詰まりとなる。[3,4]チェコのバビシュ首相のような億万長者のアグリビジネスの経営者が恩恵を受けるだけで、支払いの基準も不適切であれば、その分配も不公平なのだ。[4]

この提言は、二一名の研究者によって共同執筆されたが、代表執筆者、ドイツ統合生物多様性研究センターのガイ・ピーア博士は「次期CAP対策は環境や農村地域にとって望ましいと主張しながら、同時にそれを実施するための予算を削減している。それ自体が矛盾する」と厳しく批判する。委員会の「改革案」を分析してみると、上述した面積に応じた「直接支払い」が継続する一方、農業環境気候対策を含めた農村開発プログラム予算が削減されている。同時に「グリーン」の要件もあいまいだ。「目標」が骨抜きとなり、生産者が「ゆるエコ（light green）」を選択できれば、加盟国もゆるい環境措置を選択できてしまう。[9]

農地の一割を自然に戻しアグロエコロジーを実践する農業者を支援せよ

F2F戦略に反映されることになったが、科学者たちは、全農地面積の少なくとも一〇％を生け垣、湿地、休閑地、湖沼、野生草花の繁殖地等の自然の生息地に戻すべきだと提言した。[3、4、8]

いまのCAP改革案のままではグリーンディールが台無しとなるリスクがある。[4]「いつもどおりのビジネスはもはや選択肢ではない」。持続可能性と長期的な食料安全保障を担保するには、緊急かつ効率的な行動が必要だ。これまでの失敗を繰り返さず、税金を有効活用するうえでも、CAP内容を「公共財への公的支払いの原則」に沿ったものにすべきだ。[9] 化学合成物質、化学肥料、農薬を削減して、工業型農業に代わるものとしてアグロエコロジーと有機農業を支援し、[8]農地面積や生産量に基づく現在の直接支払い制度も二〇三〇年までに段階的に廃止し、こうした農業へと転換する農業者を支援せよと提言する。[3、4、8] アグロエコロジーや有機農業を次期CAPの鍵とし、[2] グリーンディールのランドマークとするうえでも、委員会には改革への抵抗を克服する政治的な勇気が必要だとも述べる[9]。

野鳥保護団体、バード・ライフ欧州で農業政策を担当するハリアット・ブラッドリー氏は、この提言を歓迎する。

「各国の農業大臣や多くの欧州議員たちは科学を無視し続けています。自然破壊のために公的資金を用いるなどとんでもないことですし、私たちは、環境に優しい農業にだけ補助金を支払うべきです。三六〇〇人以上もの科学者たちからの緊急の呼びかけは前例がないものですが、委員会案の問題点を正しく指摘しています。自然を回復するには、農場に自然のための専用空間を設け、自然保護のために資金を出し、農業者が環境に優しい農業へと転換することが必要です[4]」

地球の友欧州で、生物多様性の保全に尽力するフリードリヒ・ウルフ氏もＣＡＰの見直しが必要だと語る。

「自然を保護するには、時代遅れの成長主導の政策をアップデートし、工場型畜産や農薬を段階的に廃止して、持続可能でローカルな農業者が確実に食料を生産できるようにする必要がある。そのためにはＣＡＰの大規模な見直しから始めるべきだ[7,10]」

アイルランドの酪農家も「ＣＡＰの次のラウンドは、生物多様性、水質保全や炭素隔離に寄与する農業者に対して報いる必要がある。こうした生態系サービスはいずれも食料生産と同じほど重要なのに、現在は価値なきものとされている。小規模家族農家の貢献が評価され支援される必要がある」と語る[3]。

スローフード協会も環境問題を解決する鍵としてアグロエコロジーを提唱してきただけに、今回の提言を、長年の主張と重なるものとして支持する。[8]

確かに、いま、納税者は自然破壊に対して税金を提供している。緊急提言は自然保護と農業転換のための重要な一歩で、提言どおりの政策が実現すれば、現状も逆転し始めよう。[4]

［注］10の緊急アクション[9]

①環境面でも社会面でも持続可能性の直接支払いのパフォーマンスが低い。このため、公共財に対する直接支払いに転換すること

②窒素施肥の改善、泥炭地復元、畜産業からの温暖化ガスの改善に重点を置き、農業部門からの温暖化ガスの排出量の削減を目指して、気候変動を効果的に緩和すること

③農地における生物多様性の低下に歯止めをかけ、これを逆転させるべく、生物多様性や生態系を維持する効果的な手段を十分にサポートすること

④成果に基づいて、農業環境気候対策の報酬を支払い、景観レベルでの管理を支援するため集団での対策等の手段をデザインし、実施する革新的なアプローチを促進すること。いくつかの農民組織から提案されている意欲的な農家の野心や報酬に報いるポイントシステムも導入すること

⑤空間的な計画や景観レベルでの対策の協調は、環境目標で成果をあげることが示されていることから強化すること

⑥あらゆるＣＡＰ目標を達成するため、戦略プラン（具体的、測定可能、野心的、現実的、かつ、期限付き）で目標を設定すること

⑦利用できる最良の科学によって支援されるように一連の指標を改訂し、持続可能な開発目標（ＳＤＧｓ）、生物多様性条約及び国連の気候変動枠組条約の指標に準拠すること

⑧ＣＡＰの手段が望ましい結果をもたらすことを担保するため、環境のモニタリングと実施を強化するこ

と

⑨ＥＵ農業による環境に対する放出、グローバルな土地利用に対する悪影響、並びに市場の歪みを削減し、ＥＵの原則である「開発のためのポリシーの一貫性（Policy Coherence for Development）」に準拠するため、ＣＡＰのグローバルな影響、とりわけ、グローバルな南へのグローバルなインパクトを特定して対処すること

⑩ＳＤＧｓの目標に沿って、透明性と説明責任、参画、知識の構築を強化し、それによって、正当性と国民の信頼を取り戻すために、ＣＡＰとその改革のガバナンスを改善すること

コラム2－3　社会科学者を交えたエビデンスに基づく政策提言

不必要な食料の生産は止める～EUの頭脳集団がアドバイス

欧州五四カ国、うち、二七カ国がEU加盟国なのだが、欧州には四〇カ国以上、一〇〇以上の学会等からよりすぐりの「知」を結集する[1]「アカデミックからの科学助言（以下、SAPEAと表記）」という仕組みがある。[2]委員会から要請を受けて必要な政策課題に対して、政治とは独立してエビデンスに基づくアドバイスを行う。F2F戦略でも全欧州アカデミーから指名された学際グループ（注）が二〇二〇年四月九日に二二四ページもの「リポート」を提出している。[1,2]「食の安全性を確保し、誰しもに健康的な食を提供するには、いまの生産と流通のあり方を根本から変えなければならない」。これが結論だ。[1,2]

ワーキンググループの座長を務めた、英国のシェフィールド大学の持続可能な食研究所の所長、[3]ピーター・ジャクソン教授はこう述べる。

「温室効果ガス排出量の約三分の一を占めるのはフードシステムだ。[1,2]工業型の食料生産は気候変動からしても持続可能ではない。生物多様性も減らし、大気や水質にも悪影響を与え、最も貧しく脆弱な人たちの食料も保障しない。格差の広がりは食に表れており加工食品の消費過剰は健康的にも深刻だ[3]」

ＦＡＯの推定では世界での年間の食品廃棄物の経費が九〇〇〇億ユーロ、社会的コストで八〇〇〇億ユーロに及ぶ。[1,2]一方でEUでは、三六〇〇万人が二日ごとに良質な食事を摂れずにいる[7]のだがやはり食料の約二〇%が廃棄物となっている。[4,5]さらにリポートは、欧州市民の約半分は微量栄養素が欠乏し、肥満問題も深刻で、二〇一四年時点で一八歳以上の五一・六%が過体重と推定する。[2]

「『いつもどおりのビジネス』はもはや選択肢ではない[1,2]。数年以内、少なくとも次世代には確実に変わっている必要がある[3]」

二〇一八年五月三〇日には廃棄物枠組み指令が改定され、EU諸国では、サプライチェーンの各段階で食品廃棄物の削減が求められている。[7]食品加工や小売部門での環境への負荷を低減し、循環型の経済を実現するため、[4,5]圃場段階でロスを減らす研究がまず着手され、「使用期限」や「賞味期限」等の市場への影響も調査されている。[7]オランダでは賞味期限の表示を必要としない製品リストを増やす提案がすでになされ、フランスでも賞味期限と消費期限の混乱回避が取り組まれ、[6]欧州委員会も製造業者や消費者への日付表示の理解促進や簡素化を検討している。[7]

けれども、リポートは、消費のパターンを変えることで食品廃棄物を減らすような小手先の対策だけでは不十分で、食べ物についての考え方を根底からつむぎ直すことが重要だと結論づける。[1,2]

教授は、食べ物に対する見方を変える必要があると言う。「誰も食べ物をゴミにしたいとは望んでいない。けれども、現在のシステムでは、どうしても大量の食品廃棄物が生じる。現代の人たちはスーパーに並ぶ食品を頼りにしているが、工業的につくられる加工食品は、一世代前の人たちが口にしていた食べ物とはまったくの別物だ。品質が低い加工食品が大量生産されることが大量の廃棄物の発生へとつながっている。その三分の一は食べられずに無駄になる。循環型の経済へとシフトするには、持続性の原則をあらかじめシステムに組み込み、必要とされている以上の食べ物を生産しないことだ[3]」

望ましいフードシステムへの転換の鍵は規制と学校給食

科学者たちの間ではこのコンセンサスはすでに得られているという。けれども、問題は政策が最も効果的に機能し、かつ、それを実現させるための政治的なコンセンサスが十分にはないことだ[3]。そこで、教授は「リポートは、問題を明確化して提起するだけにとどまらず、どうすれば転換できるのかに関してもエビデンスに基づく一連の事例を提供した」と語る[1,2]。

リポートには、強力な行政の後押しで有機農業が進展したデンマーク（コラム3－1）の他[2]、食生活の改善に成果をあげたハンガリーの脂肪税等、社会科学的なエビデンスに基づき他地域のモデルとなる八つの実践例が紹介されている[1,2,3]。「行政当局が学校や病院・刑務所等の公共調達政策に本気で取り組めば、劇的な規模での転換ができる」と述べ[3]、現在では、消費者への健康アドバイス等、ソフトな政策が流行だが、それだけでは不十分で、砂糖税等のハードな手段との組み合わせが最も効果的なことから[3]「課税と規制が改革を進めるうえで柱となる方策だ」と結論づける。[1,2]

行政政策が専門のワーゲニンゲン大学のジェロエン・カンデル准教授が「現在のCAP他の政策は真の転換になんら寄与していない。不公正な現状を支える政策を解体する必要がある」と批判すれば[1]、ジャクソン教授も改革への障壁はあまりにも多く「企業も農業者も既得権とともにいる。制度上の障壁があり、権力の非対称もある。個々の市民や運動団体が変化をもたらす機会はごく限られている」と嘆く。

複雑なフードシステムを転換することは容易ではない。とはいえ、多くの農業者と消費者の中間には、ごく少数の企業があって、例えば、イギリスでは、大手スーパー四社が供給される食料の約八〇%をコントロールしている。教授は、こうした大手加工企業や流通業にどう働きかけるかが改革の鍵となると見なす[3]。そして、現在、二つの解決策が提唱されていると紹介する。

「ひとつは持続可能型の集約化だ。人工知能やロボット工学等の技術的イノベーションを用いることで、より少ない投入によってより多くを生産するものだ。けれども、『そもそもフードシステムの集約化が問題を引き起こしたのではないか』との批判がある。このやり方では食料生産を続けることはできないし、急増する人口需要も満たせない。また、食べ物を商品としてだけ見なせば、食べ物の意味の何かを失う。そこで、アグロエコロジー、有機農産物、地消地産、旬産旬消がある」

急増する世界人口を養えるまで普及させることができるのか。アグロエコロジーを口にすれば必ずといって良いほど寄せられるのが普及と関連した批判だ。「確かに欧州全住民を養えるポイントまで広めることは難しい」と教授も認める。「とはいえ、今回の戦略のような統合された発想はEU全体でも各政府でも最近までは珍しかった。そして、今回のコロナ禍はこうした考え方をさらに刺激する[3]」

新型コロナウイルス感染拡大とそれに伴う各政府のロックダウンによって、スーパーの棚ががら空きとなり、複雑で長いサプライチェーンやジャストインタイムでのデリバリーの脆さがさらけ出された。「コロナは変化を進める大きな機会となっている。他の人たち、そして、地球の資源に相互依存していることを誰もが考えるようになった」

現在、EUは食料の約半分を輸入に依存しているが、教授は将来的には各地域での生産へと向かうとみている。[3] そして、日常での消費習慣と行動が変わる必要があるが、それには「個人ではなく集団での参加型の行動が最も効果的だ」と本章につながることを述べている。[1,2]

［注］オランダのワーゲニンゲン大学、アイルランドのトリニティ・カレッジ・ダブリン、フランス国立農業研究所、ケンブリッジ大学、クロアチアのザグレブ大学、ノルウェーのトロムソ大学、デンマークのオーフス大学とコペンハーゲン大学、ローマ大学、オーストリアのウィーン資源生命大学、スペインのカタロニア大学、ポーランドの農村農業開発研究所、ベルギーのルーベン・カトリック大学の研究者。

第3章　有機給食が地域経済を再生し有機農業を広める

公共調達という切り札で環境や社会問題を解決する

はたして何が「公共財」なのだろうか。そして、「公共財」のためには公的資金はどのように使われるべきなのだろうか。こうしたことを耳にする機会が増えている。[1] 公官庁が入札を通じて物品を購入することを「公共調達」と呼ぶ。学校、大学、病院、公官庁等で使われる食材にもかなりの公的資金が費やされているが、注目すべきは、有機農産物を公共調達しようとする動きが高まっていることだ。「持続可能な生産・消費」の重要性は二〇〇二年にヨハネスブルクで開催された地球サミットで着目され、二〇一二年のリオでの地球サミットではさらに重視されたこともあり、EUは持続可能な食のあり方を重視してきた。[2] 二〇〇八年にはグリーンな購買を促進するための措置として「グリーン公共調達」に着手する。[1] このこともあって、スウェーデンのマルメ市、ローマ、ウィーン、スコットランドのイースト・エアシャー郡等と各地で持続可能な「公共調達」が取り組まれ、[2] この一〇年で有機給食はすっかり馴染みある政策ツールとなってきている。[3] 中でも、コラム3－1で記述するコペンハーゲンや、[2] 二〇一五年にアップデートされたデンマークの「有機アクション・プラン二〇一一～二〇二〇年」は、最も先駆的な取組み事例とされている。[3]

有機農業が「公共調達」で着目されるのにはわけがある。現代社会が直面する多くの課題は、加工や流通を含めて、過剰な食料の生産・消費が関係しているからだ。環境・経済・社会の各要素が相互に絡みあう複雑な課題も「食」にポイントを絞ることですっきりする。例えば、環境だ。食料が生産され地域社会が維持できているのは、まさにその基盤となる生態系がしっかりしているおかげなのだが、現在の食は、天然資源を枯渇させ、生態系にもダメージを与えている。[2] 世界を養うには化学集約型農業やGMOが必要だとする見解もあるが、[4] 化学肥料の原料となる化石燃料やリン鉱石も長期的には枯渇する。けれども、生物多様性を維持する農業、牧草地での畜産飼育、持続可能な漁法がなされれば生態系は改善される。[2] 有機農場を訪れてみれば、益虫や在来植物が繁栄する多様な生息地が目にできる。生物多様性が保全され、土壌の肥沃度が高まれば、気候変動に伴う旱魃や洪水への耐性も高まる。国連のリポートも地球に取り返しがつかないダメージをもたらすことなく、世界を養うには小規模な有機農業しかないと結論づけている。[4]

地場農産物への投資は地域経済に七倍もの見返りをもたらす

有機農業は世界を養う上で欠かせないだけでなく、経済面からも重要で、地場農産物が購入される地域経済へのメリットはかなり大きい。これは机上の空論ではない。学校給食や公官庁内の食堂での公共調達は経済的に見てもばかにならず、イギリスでは、毎週約三五〇万食も提供され、うち、半分が学校のもので、二〇〇七年の支出額は約二三億六〇〇〇万ユーロ（三七七六億円）にも及ぶ[2]。イースト・エアシャー郡では地場の有機農産物等を給食に活用しているが、その社会的な見返りを試算してみると、一ユーロの投資に対して環境や社会経済的益で七ユーロもの価値が産み出されていた[1]。イギリスのニュー・エコノミクス財団も、地元支出が地域経済に及ぼす効果の広範な研究を実施している。財団によれば、大手チェーン店が全国規模で契約を行って地元には賃金だけしか落とさないのに対して、地元企業に流れた資金は地域内で循環する。食材も同じで、大手スーパーに費やされた一〇ポンドはわずか二・四ポンドしか地元で波及しないのに対して、地元食材にはエコノミストが言う二・五の乗数効果があって一〇ポンドの投資に二五ポンドの見返りがある。これは、地元で生産された食材が地元小売店から買われれば、スーパーで購入される遠方の同じ食材のほぼ十倍の価値を地域経済にもたらすことを意味する。

財団が提唱する80／20のルール——全国チェーン店で支出される八〇％は直ちに地元経済から出て行くが地元企業に落としたマネーは二〇％しか出て行かず、残りの八〇％は循環して地元経済を潤す——も広く受け入れられている。財団の『マネーの旅』の研究は、地元で費やされる食費がどれだけ「乗数効果」を地元経済内で発揮するのかの事例をあげる。

●有機ボックススキーム（提携）での収入は、スーパーの収入より地元経済に倍の価値を生み出す。
●現地スタッフを雇って地元に食材を供給する有機農場は一ポンドごとに二ポンドを地元経済に生み出す。
●デヴォン州の港湾都市プリマスでは、給食費の半分、三八万四〇〇〇ポンドで「地場の旬の食材」を購入しているが、その乗数効果は三・〇四で一二〇万ポンドの価値を生み出している。

●ノッティンガムでは、学校給食で地元の食材を一六五万ポンド購入しているが、一ポンド当たり三・一一ポンド、五〇〇万ポンド以上の社会的・経済的・環境価値を地元に生み出している。[5]

最後が社会的なメリットだ。各章で述べるように、先進国でも格差の広がりから低所得階層は健康的で良質な食べ物を手に出来なくなりつつある。[2] 食品中の残留農薬にはリスクがないとの主張もあるが、安全だとする研究のほとんどは、農薬の販売で利潤をあげる企業が実施している。ほとんどの農薬は有毒だし、子どもたちは、まだ発育途上で有害な化学物質をデトックスする力も弱い。農薬被曝やGMOを避けるには有機農業しかない。美味しいだけでなく栄養価も高く、抗酸化成分を多く含み、炎症を防ぎ健康上も重要なことが多くの研究から明らかになっている。[4] そして、給食を通じて、各家庭から市民が啓発されれば、持続可能な食習慣が普及していく。健康的な食習慣によって、誰もが健康となり、病人の回復力も高まり、医療費が削減されることは、まさに公共食がもたらす直接的な社会的メリットといえる。給食に地元料理が取り入れられれば、伝統料理や旬を消費者が再発見することとなり、それは、地元の伝統文化の強化にもつながる。[2] 多くの人たちが、小規模な家族有機農場の農産物の購入を意識的に心がける必要があるのはそのためだ。[4] 都市部にある学校も、有機食材の購入を通じて遠くの農村経済に影響を及ぼすし、さらに遠い開発途上国のことを気づかうフェアトレードは、先進国の都市と途上国の農村をつなぐ。[2] どこにいても、栄養状態の改善から農村の活性化まで経済や医療にも及ぶ多面的機能の発揮を応援できる。けれども、それには、ある程度、コアとなる有機農業セクターが成熟していることが必要だ。まだ萌芽状態であれば、給食用の「公共調達」を発展への起爆剤とする必要があろう。[2] 消費者意識が高まり、地元で生産される有機農産物への需要が増えるという好循環が動き出せば、栄養価が高い食材を地元住民が手にするチャンスも増す。[6]「公共調達」が持続可能な食の生産と消費を社会に広め、健全なフードシステムや持続可能なコミュニティを構築するための有効なツールとなりうるのはそのためだ。[6,7] となれば、経済のみならず、環境や社会面も考慮したトータルなコスト分析をしたうえで、エシカルな食材購入を推進する道義的な責任が公的機関にはあると言えるだろう。[2]

給食にオーガニックと地産地消を義務づけ

「汝の食事を薬とし、汝の薬は食事とせよ」

このヒポクラテスの格言を現実化させているのがフランスだ。[8] 世界でも最高とされる給食は、サラダから始まり、スパゲッティのボロネーゼ、子牛肉や焼き魚等のメインディッシュが続き、ヨーグルトや果物も付いて、ふやけたサンドイッチやチップスが供されることはない。子どもの栄養に適した四～五皿からなる料理を提供すべし。文部省が目を光らせているため、多くの学校はできる限り地場産の食材を使うようベストを尽くすが、保護者の側のチェックも厳しい。とあるパリの学校で、スペインから輸入したトマトとパック詰めのサンドイッチが出されると直ちにクレームの嵐となって学校側は謝罪したという。[9]

給食や大学の学食でプラスチック容器や使い捨てプラスチックの使用を禁じる法律も可決している。「これは公衆衛生のための本当の前進です。最終目標は健康上のリスクから身を守ることです。プラスチックには『内分泌攪乱化学物質』として知られる物質が含まれます。私たちは、仕出しセクターに『予防措置の原則』を導入したいのです」

法案を提起した共和国前進党のバルバラ・ポンピリ議員、現在、生物多様性担当大臣はこう語る。[10]

フランスのアグロエコロジーの取り組みについては拙書『タネと内臓』でもふれたが、その後、さらに有機給食へも舵を切る。

「オーガニックでローカルな食材を五〇%にするのが目標だ。二〇二二年にはケージ飼い鶏の卵もやめる[11]」

二〇一八年の初頭、ステファン・トラヴェール農相は、二〇二二年までに公共食材の五〇%が有機農産物か、持続可能な地元産のものにすると発表する。[6、8、9、11、12、13] 政府を後押しする有機給食に向けた動きがすでに各地で高まっていたからだ。[11] 例えば、パリでは、約三〇〇〇万食が公共食堂で出されているが、地元産かつ旬の有機農産物であることを強調し、肉消費の二〇%削減を目指すフードプランを市議会は二〇一五年に採択した。二〇一八年には公共食堂で出される食事の四六・八%が持続可能な供給源となり、パリは、有機食材の国内の筆頭の購入元となっている。[14]

供給側でも二〇一八〜二二年にかけて有機への転換を強力に支援する『オーガニック躍進2022(Ambition Bio 2022)』を政府が立ち上げる。同プログラムが掲げる目標は二つ。

●公共調達で提供される食材の二〇%を有機農産物にすること。

●二〇二二年には農地面積の一五%を有機農業へと転換すること。[7、13]

目標達成のため三項目での資金援助もなされる。二〇一八～二二年にかけて有機への転換資金を七億から一一億ユーロへと増額。うち八億三〇〇〇万ユーロはEUとフランス政府の予算だ。第二に、農業省の付属機関「フランス有機農法発展振興局（以下、振興局と表記）」[7]の資金「オーガニック・フューチャー」を四〇〇〇万ユーロから八〇〇〇万ユーロへ倍増。第三は、有機農業に対する税控除（二五〇〇ユーロ～三五〇〇ユーロ）だ。加えて、有機農産物の生産振興、消費促進、流通、研究、普及、農業や食産業における主体育成、認証規制の整備も支援することとした。

こうした全国戦略を展開することで、環境やアニマルウェルフェアへの消費者需要や期待に対応しようとしている[15]。

有機給食の普及に取り組むNPO「アン・ビオ・プリュス」に加盟する自治体でのシェアは二〇％と高く、なかでも、同団体のジル・ペロル会長が助役を務める南仏のムアン・サルトゥー市では一〇〇％を実現している[11]。とはいえ、国会報告によれば、現在の給食での有機食材の全国平均利用率は三％にすぎないのだから、二〇％というのは実に野心的な目標だ[8,13]。二〇一八年一〇月からは農相は、ディディエ・ギヨームに変わったが、二〇一九年三月に新農相は「全国仕出し協議会」の設立を発表する。仕出し業者から提供される食材の質を指導するためだ[12]。仕出し業者に対する食品廃棄物処理への義務も厳しくされる[16]。

栄養表示の義務づけ・消費者の需要喚起で有機生産も急増

デンマークと同じく、健康的な食習慣を身に付けさせるための給食での栄養重視はフランスでも進められているが[16]、有機給食は農業部門を発展させる戦略の一部でもある[6]。子どもたちだけでなく、全国民の食習慣を変えることを目指す「食品業界法」も新たに制定された。この改革は、安さだけを求める購買客には悪い知らせかもしれないが、健康志向の消費者にとっては望ましい。改革のひとつが表示だ。例えば、大豆ステーキや豆腐ステーキ等、肉から生産されていないものに「ステーキ」というまぎらわしい言葉を使うことが禁じられる。「ヒレ」「ベーコン」「ソーセージ」他の表示もきちんとなされる。もうひとつが原産地表示だ。例えば、フランスの蜂蜜の自給率は四分の一にすぎないため、原産国をラベル表示することで、国内消費を伸ばし生産者に益することを狙っている[16]。

トラヴェール農相は、過剰競争による価値破壊が生産者を貧しくしているとし、再販閾値も導入した。スーパーは購入価格に最低でも一〇%を上乗せして販売しなければならないから、値上がりにつながるとの反対意見もあったが、「生産者の取り分が良くなることを知れば、多少高くても消費者は支払うはずです」と農相は反対意見を退けた[16]。

食べ物の質に関しても、二〇一九年二月に「食材の栄養品質の改善並びに食べ方の実践推進法」が満場一致で国会で可決された。第6章で詳述するように消費者がより健康的な食材を選べるように、グリーン(A)からレッド(F)までの色と文字で「栄養ランク」を表示する「栄養スコア」を同法は義務づけた。そして、選択科目だが学校における栄養教育の導入も求める[12]。

こうした政策もあって、有機農産物への人気は年々高まっている。有機食品の販売は二〇一八年には九七億ユーロ(一兆二六一〇億円)へと一五・七%も増えたし、各世帯では食費の五%を有機農産物に費やしていることから、フランスの有機食品市場は米国、ドイツに次いで世界でも第三位となった。[7,13,17] 二〇一九年六月には「二〇一八年に記録的な数の農場が有機農業に転換した」との発表がなされた。[7,17] 以前の最高記録を凌ぎ、二〇一七年では五〇〇〇、翌一八年には六六〇〇もの農場が転換した結果、[7,13,17] 二〇一九年の有機農場数は四万六〇〇〇戸以上となり、[13] 二〇一八年では農場での有機農家のシェアも九・五%から一三%へと高まった。農地面積も一七%拡大し二〇四万ヘクタールとなり、目標率のまだ半分とはいえ全農地の七・五%を占めるに至った。[7,13,17] 世界的に見ても最速の成長率で、欧州内ではスペインに次ぎ、世界でも六番目となった。[13] マメ類はすでに四〇%が有機だし、ブドウ栽培でも有機認証されたブドウ園は二〇一八年に一気に二〇%増え全体の一二%になった。転換を奨励するため三年間の転換期間をカバーする「有機農法転換（CAB）ラベル」も作成された。このロゴによって、たとえ転換中であっても慣行品よりも高いプレミアム価格で販売する理由を消費者に説明できる。[7] 畜産でも消費者需要を反映して転換が進み、[18] 市場全体のすでに三〇%は有機卵だ。[13] 穀物部門の転換も進み、三一%拡大し五一万四〇〇〇ヘクタールになった。振興局のフェリペ・アンリ代表は「転換が今は、あたりまえのものになっている」と語る。[17] 皮肉なことに慣行作物の価格が低迷する一方で、有機農業への補助金とサプライチェーンへの投資が多くの作物農家が転換することにつながっている。[7,17]

急成長すれば、価格プレミアムがなくなるリスクもありそうだが、振興局は、その心配はないと胸を張る。[7] 小売業も二〇一〇〜一九年にかけて二三五%成長しているからだ。振興局は二〇二五年までにさらに五〇%の市場成長を見込む。[13] 同局によれば、国内での生産急増は、消費者需要の高まりと足並みを揃えており、輸入の必要性を減らす助けとなっているという。ちなみに、フランスで消費される有機農産物のうち国産はまだ六九％だ。[7,17] 振興局の責任者、フルフォン・グール氏は「全体では、農業雇用の一四％がいまや有機農業となっている」と雇用効果も指摘する。[7]

健康のために肉を減らす〜二〇一九年秋から始まったベジタリアン給食

オーガニック・ミートは高い。このため、有機食材を多く使う学校では、肉を減らしてマメ等の植物タンパクを増やすことで給食代を抑えている。週に一度、ベジタリアン食にしている自治体もあった。[11] けれども、二〇一八年一〇月に可決された農業法「loi Egalim」によって、[9] 二〇一九年一一月一日から二年間は全校で少なくとも週に一日はベジタリアンランチを提供し、その健康や食べ残しデータを収集し効果を検証することになった。[9,10,19] 改正法案は二四名の議員から国会に提起されたが、この運動のリーダー、前述したポンピリ議員が要望したことに端を発する。同議員は、肉が含まれた食事がバランスが取れたものだとする「一般見解」を否定し、これを環境、健康、バランスが取れた食や平等のための大いなる前進と見なす。[10] 背景には社会運動もある。女優ジュリエット・ビノシュを含めた五〇〇人もの著名な芸能人、芸術家、作家、科学者たちが、国全体で肉や魚の消費量を減らすため、二〇一九年に肉や魚を食事からなくす「グリーンな月曜日（lundi vert）」をル・モンド紙で呼びかけた。もともとのアイデアは、オルレアン大学の社会科学研究所アルプ人間科学館の社会心理学者、ロラン・ベゲ氏とフランス国立農業研究所（ＩＮＲＡ）のニコラ・トレシ氏が考え出したものだが、ベゲ氏は「環境、健康と動物倫理から食習慣を変える認識を高めることが目的だ」と述べる。[20]

環境団体グリーンピースもベジタリアンランチを評価し支援する。[9] 今でも子どもたちは週に二〜四回も肉を食していて、それが食べ過ぎだとのリポートもあることから、[19] ポンピリ議員は「何がよい食べ物なのかを教える役割を学校が果たすことが必要です」と語る。[16] 健康のために肉を減らすことを教えるのも学校の役割というわけだ。[9] 興味深いのは、受益者である子どもたち当人は満足しているのに、ベジ改革への最大の抵抗勢力が保護者であることだ。[19] そこで、ベジタリアン食といっても、牛乳や卵を含むし、[10] 野菜やマメ由来のタンパク質で代替えされるから、栄養価も高く、食事バランスが保たれると伝えることで学校側は両親たちを安心させようとしている。[19]

IFOAMアジアの理事として海外情勢に詳しい三好智子氏（注）は言う。

「ヨーロッパでは一貫して有機の消費が伸び続けていますが、米国と違うのは、必要な理由として、健康よりも環境やアニマルウェルフェアがあがることです。消費者、とりわけ、子どもたちへの啓発教育がきちんとなされているからです。デンマークでも質が良い食材を地産地消で実現するため、北欧の食文化を見直す運動が一〇年計画で展開され、人々の意識が呼び覚まされたのです」[21]

そして、日本の若者意識も同じだとも指摘する。[22] 三好氏の指摘と同じく約一万人のオーガニック食材購入者を対象になされた調査からも、購入額が多い若者層は利他的な動機から購入していることが伺える。[23]

フランスの振興局が二〇〇〇人を対象に二〇一九年に実施した意向調査では、ほぼ九〇％が有機食品を消費し、購入理由として五九％が健康、五一％が品質と味、四五％が環境の維持をあげたが、[13] 内実を見るとフランスの有機農業の躍進も若者たちの意識変化が動かしていることがわかる。有機食品に対して高い金を支払うのは「異常だ」と考える人が五〇～六四歳では六二％にも及ぶのに対して、一八～二四歳では四五％にすぎず、逆に四七％が「あたりまえ」だと考えている。有機食品を選ぶ理由としてアニマルウェルフェアをあげる人も、年長者では二五％にすぎないのに対して、若者世代では三二％が倫理的・社会的理由をあげている。[24] これは拙著『タネと内臓』（24頁）でもふれた若者の意識変化とも重なる。

一〇〇％有機を人権として市計画に位置づけるスウェーデンのスマート食

コラム3－1で紹介するデンマークだけでなく、スウェーデンも食では先進的だ。学校給食は栄養価が高く、かつ、その財源を地方税によって完全に負担されなければならないと法的に定めている。国内第三の大都市、人口三〇万のマルメ市では、一九九六年以降、有機食材の公共調達を増やし、毎年約九〇〇〇万ユーロを有機食材に支出してきた。二〇一二年末では、食料経費の約四〇％が有機食材に費やされている。有機給食への大きな舵切りは、「緑の党」の呼びかけで「持続可能な開発と食のための方針」が議決された二〇一〇年一〇月から始まった。[2] 市は、二〇二〇年までに市で提供される全食材が有機認証されていること、二〇〇二年に対して、食と関連した温室効果ガスの排出量を四〇％削減することを方針として掲げた。[2, 25]

市の「フードビジョン」は、市そのものが巨大な消費者であることから、環境、気候、労働環境、健康に対して前向きな影響力を及ぼすよう、市そのものが先陣を切って持続可能で意識的な購買に向けて努力せよ、と述べる。しかも、その内容はお役所的な固いイメージとは裏腹に哲学的・文学的だ。「食べ物は、生きる喜びのひとつであって、健康や社会的なケア、暮らしの質や幸せにとって重要だ。共に食べることで、強力な教育的・社会的・文化的な機能が達成できる」「料理は、できる限り食べる人の近くで調理されなければならず、一体感が促進される穏やかで喜ばしい環境において楽しまれなければならない」「食事の時間は、教育上欠かせない部分だ」「バランスが取れた食事は、幼稚園や学校の生徒にとって、良き学習の基礎となる」「おいしい食事は、ケアセンターにいる人々にとって一日のハイライトだ」といった文言が並ぶ。

人工添加物を最小限度に抑え、高品質で、安全で健康的な食べ物に対する権利を誰しもが持つとの主張も斬新だが、それにとどまらず、教育や医療から自治体が選ばれる決定要因になることから、市自らの活動で食への魅力を高めよとも呼びかける。

「我々が公的行事において供する食は、市のパブリックな顔だ。それは、伝統をふまえ、かつ、斬新なスカンジナビアの食文化のショールームとして機能する。二〇二〇年までには、市の公共行事において供されるすべての料理は、気候に優しく、有機で、かつ、倫理的にも認証されたものでなければならない[25]」

経費をあげずに有機給食を実現することは大変に思えるが、健康や環境の研究に基づいてストックホルムの公衆医療研究所が開発した「スマート食モデル」を推進すれば可能だとも主張されている。「スマート」とは、肉の消費量を減らす「S」、ジャンクフードやエンプティカロリー、すなわち、カロリーが多くても栄養がろくにない食べ物の摂取量を最小にする「M」、有機農産物の豊富な消費「A」、肉と野菜の健全なバランスを保つ「R」、輸送効率をあげる「T」の頭文字を取ったものだ[21]。

コラム1－2で指摘したように、肉の生産では多くのエネルギーや資源が消費され、多くの温室効果ガスも排出される[21]。肉消費の削減がスマート食の温室効果ガス対策の最重要ポイントなのもそのためだ。市では学校給食として三万五〇〇〇食以上の昼食が出されているが、週に一日は完全にベジタリアン料理で、保育園や老人ホームといったそれ以外の仕出しでも肉消費の削減が始まっている[2]。多くの果物や野菜、それも、施設野菜ではなく、旬の消費を薦め、遠距離輸送も環境や気候に負荷をかけることから地元産にしていく[2,25]。日本の「スマート農業」の語感からすると、ハイテクとセットになったIT農業やドローンを想い浮かべがちになるのだが、スウェーデンでは、ジャンクフードを避け、肉を減らした精進料理や和食に近い食のあり方を「スマート」と表現していたのである。

［注］日本でも千葉県の木更津市やいすみ市のように有機農業を推進する自治体がでてきているが、三好さんは木更津市でオーガニックタウンづくりにも携わっている。

コラム3－1　デンマークの有機給食

有機レストランが大繁盛～ブームの切っ掛けを作った有機学校給食

デンマークといえば、世界一美味しいといわれるスカンジナビア・レストラン「ノーマ」が有名だが、料理店で使用される「オーガニック・キュイジーヌ（有機食材）」を示す指標としてゴールド、シルバー、ブロンズからなる三段階のラベルを一九九九年から国が設けている[1,2]。二〇一六年現在、約一八〇〇のレストランがこのラベルを持ち、うち、六分の一の約三〇〇がゴールド、三分の一の約六〇〇がシルバー、残りの約九〇〇がブロンズだ。有機農業への関心の高まりから、それを売りにしようと二〇一六年だけでラベルを掲げるレストランは五〇％も増えた。そこで、二〇二〇年には三倍の六〇〇〇にすることが目標に掲げられている[1]。ゴールドは九〇～一〇〇％が有機だから、大規模なカフェや食堂の多くはまだブロンズ（三〇～六〇％）だが、シルバー（六〇～九〇％）を獲得しようと努力しているし[1,2]、シルバーの料理店はゴールドをゲットしようと努めている。大手レストランでの有機食材の購買量はこの五年で三倍以上にも増えている[1]。

けれども、内訳を見ると、個人料理店は三五〇だし、レストランやカフェは一〇〇、ホテルはさらに少なく、一三〇〇以上は意外なことに公共機関だ[1]。一番腰が重く保守的にみえるお役所が先陣を切っているのにはわけがある。学校や保育園、病院等の公共食堂の食材の六〇%を二〇二〇年までに有機にするとの全国目標が二〇一一年に立てられ[3,4,5,6]、公共事業を通じて需要を喚起する政策努力がなされてきたからだ[3,5]。

二〇一二年には、希望する自治体に対して、有機農産物の公共調達を指導するアドバイザー・チームを設け動機づける一方[3,5]、三年間で二三〇万ユーロ（二億八〇〇〇万円）以上の資金を投じた。有機食材の提供は給食に限られず、他にも三〇〇万ユーロ（三億七〇〇〇万円）が組まれ[3]、保健省が病院で有機農産物を購入すれば、国防総省も基地内のカフェテリアで提供した[3,4,7]。環境省が環境政策から有機農場への転換を推進すれば、文部省は学生や児童向けに有機農業の大切さや栄養上のメリットを教えるカリキュラムを組む[4,7]。個人消費を伸ばす意識啓発キャンペーン、レストランのオーナーや従業員への教育、メニュー改革と多岐にわたる推進政策が展開された[5]。

二〇一五年には有機農産物の供給量を増やすため、二〇二〇年までに二〇〇七年比で生産面積を倍増するとの野心的な「有機アクション・プラン」を食料農漁業省が発表[4,5,6,7]。二〇一五〜一八年にかけ八〇〇万ユーロ（一〇億円）の予算が投じられたが[3,4]、二〇一八年四月には新事業計画を発表。有機農業への転換を支援して農場数を増やすため二〇一八〜一九年にかけて、一億四七〇〇万ユーロ（一八四億円）が投じられることとなった[8]。

政策は当たり、面積倍増という当初目標が達成されたのだが[5]、この成功の背後には、国産であれ海外産であれ、需要を増やすことで、慣行農業からの転換の動機づけにしようとする発想がある[4,5]。高付加価値製品を生み出すため、商務・成長省が設けた「移動製品開発チーム」も農業者や中小企業とミーティングを重ね、五年間で四〇〇以上もの有機新製品が開発されたという[5]。

有機農産物の生産大国と消費大国として世界に存在感

米国式の工場型畜産とは違って、抗生物質の使用を減らし、豚が楽しめるように藁で飼育することも求められ、多くの国で問題となっている食品廃棄物対策も二〇〇八年から着手し五年間で二五％削減ずみだ[4]。

有機農業革命は国内にとどまらず他国にも影響している[6,7]。酪農製品、豚肉、穀物、飼料の輸出量が[5]、二〇〇七年以降二〇〇％以上増えているからだ[4,7]。輸出先は圧倒的にドイツが多いが、これに、スウェーデン、中国、フランスが続く[5]。「中流階級の発展で需要が伸びている国を輸出先に見据えています。とりわけ、中国でそれが見られます」と、エスベン・ヨーネ・ラーセン食料漁業農業大臣は言う[8]。大臣は転換には時間を要し、経費もかかることを認め[4,5]、CAPの財源を活用し一億四三〇〇万ユーロ(一七八億円)の直接支払いを転換や維持のために確保している。試験研究や革新的技術に対する投資だけでなく、農業者に対する手厚いコンサルティング・サービスも充実させ、改良普及員は、有機農業について農業者と議論するために終日農場で過ごすという[5]。

転換をバックアップする経費は巨額だが[1]、給食を含めた公共食堂から日々提供される健康的な有機食材を使った料理から恩恵を得ている市民は八〇万人以上で、その公共的価値は計りしれない[1,4,7]。

川下の需要を増やす「プル」と、転換を望む農業者に対してしっかりと助成金を支給して川上の生産も刺激する「プッシュ」とのタイアップは見事だが[4,5]、需要の高さから、今も輸入量が輸出量を上回る[5]。国内生産の七％は有機だが、販売される食材の約四〇％[2]、果物や野菜、穀物、家畜飼料は他のEU諸国、ドイツ、オランダ、イタリアから輸入されている。つまり、デンマークの消費シフトは他国の有機農業も発展させている[5]。

確かに、デンマークは有機消費大国だ。「有機農産物への消費者需要は高く、国内市場におけるシェア率は一〇％以上と世界最大だ」とラーセン大臣も需要の高さを指摘する[8]。統計上でも市場シェア率は一三％で、国民の八〇％が有機農産物を購入している[5]。この高い嗜好を明らかにしたのが一七八カ国を対象にスイスの有機農業研究所が実施した調査だ。リポートによれば、一人当たりの年間有機農産物の消費額のトップは、スイスの二六二ユーロ（三万二〇〇〇円）で、デンマークが一九一ユーロ（二万三八〇〇円）とこれに次ぐ[6]。これに対して日本はわずか九六〇円と桁外れに少ない[9]。

公共の「食」を通じて栄養での社会的格差をなくす

米国では、ファストフードの労働者は低賃金に苦しめられているが、デンマークではファストフード業界は労働者に一時間につき少なくとも二〇ドル（四四〇〇円）は支払っている。コペンハーゲンの低所得地区にはＮＰＯ「We Food」が店舗を設け、スーパーよりも廉価で食品を販売している。効率性のために国民が犠牲にされることはない。[4] 格差問題に配慮される背景には九～一六歳までの子どもや青少年の一〇～二五％が体重超過や肥満で、[10,11] 療養所に入所する高齢者も六〇％が栄養失調のリスクにさらされている課題がある。[11]

「何を食べるかを強制的に決めたくはありません。とはいえ、食べ物が健康にとってどんな意味があるのかの情報は提供しなければなりません。これは個人の幸せにも社会経済のいずれにも重要です。生活習慣病の増加と関連して医療費が増えているからです」とヤコブ・エレマン・イェンセン元環境食品大臣が言えば、[11]「健全な食習慣を子どものときに確立すれば、成人までその習慣が続く可能性がとても高い。後々、肥満等の病気の予防に役立つこともわかっています」とエレン・トレーン・ノルビー厚生大臣も幼少期からの習慣の重要性を指摘する。社会的に恵まれない人たちの貧しい食生活。それが原因で肥満が広がっていることをふまえ、[11] モーヘンス・イェンセン食料農漁業省大臣も同じ言葉を重ねる。[12]

「子どもや若者はフードピラミッドに従う健全な食習慣を持つことが重要です。不健康な誘惑がたくさんありますから、できるかぎり早く健全な食習慣を身に付けることが大切です」

子どもたちの貧しい食生活を改善するためのひとつが、[10] この一〇年実施されている「給食フルーツプログラム」だ。二〇一八年にもその一環として一五〇〇万個のリンゴ、梨、バナナが提供された。調査によれば、経済的に貧しい世帯の子どもほど制度から受ける恩恵が大きく、未導入校よりも果物や野菜を食べることが多いという。

「事業を通じて、この一〇年で子どもたちは新鮮な果物を食べるようになりました。この計画は、現在や将来的に、健全な食を選択できるかどうかが、所得によって決まらないようにするためのものなのです」

二〇一八年の学期中には、三二四校が参加したが、これは二一八六ある全校数の一五%と一部にすぎない。どの学校でも制度に参加できることからイェンセン食料農漁業省大臣は「さらに多くの学校に参加していただきたい。補助金申請を多くの学校に勧めたい」と述べる。[12]

首都コペンハーゲンでは給食素材の九割以上が有機に

公共のフードサービスの受益者は、学校の子どもから老人ホームの入居者等あらゆる人たちに及ぶが、とりわけ、給食は、未来の健全な食習慣を構築するうえで重要だ。[2] 社会的地位や所得とは無関係に誰しもに高品質で栄養価が高い食事を担保する。[11] 有機給食は、持続可能で健康的な食を実現する戦略としてデンマークでは一九九〇年代から課題となってきたが、とりわけ、野心的な政策を展開してきたのが首都コペンハーゲンだ。[13]

「市は食の分野で巨大なプレーヤーです。有機農業をあたりまえのものとすれば、環境を保護し、きれいな飲料水を確保することになる。市からの食材提供に依存する全市民の高い生活水準にもつながる。健康的で、かつ、おいしい食事が提供できることは、福祉の最低限のコアでもあるのです」

フランク・イェンセン市長がいみじくも語るように[14]、有機農業が推進された背景のひとつには地下水源の農薬汚染があった。飲料水源のほとんどが地下水であるにもかかわらず、首都周辺で営まれる慣行農業のため、一〇〇以上の井戸がすでに汚染で閉鎖され、新たな井戸を掘削するには七〇万～一四〇万ユーロがかかる[13]（注）。農薬に汚染された飲み水は心配だし、サンドイッチではなく栄養たっぷりの本物の給食を子どもには食べさせたい。至極納得がいくこの取り組みもいきなりはできない。一九九〇年代に首都周辺の小規模な自治体が実験的に取り組み、そこからインスパイアされたものだった[2]。

かくして、二〇〇七年には、公共食堂で提供される食材の九〇％を二〇一五年までに有機にするとの壮大な目標が定められ[12,13,14,15,16]、その推進は、農政部局ではなく環境部局が所管することとなったのだが、もちろん課題は山積していた[13]。もとよりデンマークには学校給食の伝統がない[2]。自宅からお弁当のサンドイッチを持ち込むことが普通だったし、一四歳以上のティーンエイジャーならば昼には学校近くの食堂で食事をすることが多かった[2]。

幼稚園、学校、病院、老人ホーム、市民食堂等、公共機関に食材を提供するレストランは九〇〇以上もあるが[2,11,17]、各調理場からすれば、サイズが揃った希望する食材が正確な時間に届くことが最低条件だが、供給側からすれば、こんな契約条件はとても飲めない。食材を扱う流通業者の多くも零細企業で、大手の専門業者ならば軽くこなせる仕出し業務の膨大な事務処理や手続きに慣れていない。[13] 有機農産物は高い。価格内でどの食材を購入するか。栄養面を満たす適切な献立をどう立てるかも難しい。[14] そうでなくても、首都だけに、国内最大の消費者なのだ。[13] 年間の食関連予算は約四〇〇〇万ユーロ。[2,13] 一七五〇人の食堂従業員が日々約六万食を提供している。[13]

設定時の調達率は五一%にすぎず、調理済みのパック食材に大きく依存していたのだから、実に野心的な計画だった。[14] けれども、二〇一六年には在宅ケアでは六〇%にとどまったものの、デイケアセンターや学校では九四%と目標を凌ぎ、公的調達全体では八八%とほぼ目標は達成された。それも事業費を増額することなく既存の予算の範囲内でだ。[2,5,6,13,14] 日量三〇〇〇食を生産している最大の二カ所の調理場での食材率は六〇~七〇%となったが、市内の九〇〇〇もの調理場をおしなべれば九〇%という目標がほぼ達成された。[2] デンマークといえども国内の他都市はこの数値にはまだたどり着いてはおらず、[14] ヨーロッパ内でも傑出した成功事例とされている。[5,13] 予算も増やさず、なぜこのようなことが達成できたのだろうか。

有機給食への転換の鍵を担ったコペンハーゲン「食の家」

「今日、我々の社会が直面する難題はよりよき食を介して解決できる。それは、メーカーや専門の調理場、関係スタッフが、環境と人のいずれをもケアする食の可能性を目にすることでなされる。有機農産物を素材に食べる人をケアする料理でのもてなし。生産する人、それを食べる人、社会全体にとって、食が幸せや健康を創造する持続可能な社会を目指す」

食を通介して社会を変え、健康的で幸せな持続可能な食文化を創造する。[18] こんなミッションを掲げた「コーベンハウンズ・マドゥス——食の家」を市が立ち上げたのは二〇〇七年一月のことだった。[2,11,17,18] 古い精肉業地区にある肉脂工場を改築した事務所には、今では教育施設も備えられ、周囲には都市菜園もある。[19] 設立の翌年、「食の家」は、お弁当文化を変えるため、公立の五校にまず調理場を設けることから着手した。多くの学校は改革の準備すらできてはおらず、料理の準備、農産物の品質や栄養価、食事をする環境や労働条件等、改善点を確認するだけでも二年を要した。[18]

有機農業への転換業務を任命されて中心的に担うことになったのも「食の家」だった。[17] 二〇一〇年。まず、最初に取り組んだ公共機関は幼稚園だった。[2,11] デンマークでは、幼稚園の給食は選択制であることからカロリーや栄養がどれほど大切かを保護者に教えることから始め、[2] 結果として、八五％がそれを認める。[2,11] 保護者と並んで、転換にあたって一番力が注がれたのは、調理現場のスタッフへの教育だった。メンタル面でのバリアが転換への最大のネックだと考えられたからだ。[13] 予算の範囲内で有機食材を扱うには、ゼロから料理し、新鮮な旬の地元野菜や果物を利用し、肉の量を減らし、かつ、食品廃棄物に注意して残り物がでないよう料理すればいい。[2,13,14] こんな発想で取り組み、個別の課題は小規模なパイロット事業を実施して試行錯誤することでひとつひとつ克服していく。[13,14] 成果をあげた優れた学校には毎年、市庁舎で行われる祝賀会で卒業証書が授与され、少しずつ、公共食堂での使用量を増やしていく。[2] 二〇〇八年末には平均五六％、二〇一二年には平均七五%が達成され、予算の範囲内でも十分有機給食が可能なことが実証できた[13,14]。有機給食というと供給側の増産計画がとかく立てられがちだが、冒頭の記述と同じく、市も川下の食育を重視して、シェフをはじめ料理関係者の人的資源やノウハウ開発に多くを投資した。転換には一〇年、七一〇万ユーロを要したが、「食の家」の改築経費を含めて、市が食に使う予算の二%以下で転換が達成された。そして、有機食材の量をただ増やす以上に深い意味があることを給食関係者の誰しもが意識したのだった[2]。

子どもたち自身を料理人に～ロブスター料理の技を身に付ける特典も

二〇〇九年八月からは、楽しく健康的な食文化を開発する料理プログラム「Eat-Cuisine」も始まる[16,17]。旬の食材を用いて、ゼロから料理され栄養バランスが取れた二種類の温かい料理と一つのサンドイッチが、二カ所ある中央キッチンから日々学校に配送される[16]。プロジェクトが始まった二〇〇〇年前半には適切な食堂を備え温かい給食を提供できる学校はほとんどなかったが、多くの学校に食堂が整備され、保護者は、ウェブサイトを用いて午前一〇時までに注文ができるようになった[2]。それでも多くの生徒はいまだにお弁当を持参し、有機給食を注文するのはわずか二〇～二五%にすぎない[16,17]。街のファストフードとの競争に打ち勝ち、とりわけ、ティーンエイジャーを満足させるにはどうするか[16]。従来の発想を超えた新たな実験がさらに始まる[2]。

いま、コペンハーゲンの多くの学校で誰が給食を作っているのかおわかりだろうか。その答えは子どもたち自身だ。[18] 二〇一四年には、授業中や放課後に食事の作り方を教える料理教室「子どもたちの食の家（Børnenes Madhus）」が始まる。[17] 献立づくりから、調理、配膳まですべてを子どもたちが担う。[2] プロジェクトのリーダー、ラスムス・ゴッチェ氏は元教師だけに導入の必要性がよくわかっていた。

「教師が日常で受けるプレッシャーもよくわかっています。ですから、生徒のためだけでなく、学校全体にとっても教育上、有意義だと納得させられたのです。食べ物、衛生、栄養、持続可能性、チームワークについて学べますし、実際に学んでいます[18]」

生徒たちは年間で通算一週間、調理場で働くことになる。その間、教室からは外れるが、そこで習得されるスキルは、教育上不可欠な部分とされ[18]、授業カリキュラムの中心に食が据えられている。[2] 四〜八人の子どもたちで構成されるチームが、約九〇％の有機食材を用いて毎日四〇〇〇食分を生産している。[18] 現在市内では一四校で実験中だが、二〇一九年にはさらに四校が開校する。[2,18] 二〇一七年には初の子どもの料理コンクールが開催され、市の公立学校から参加した子どもたちが、三日間、自分たちの料理を競いあった。[17]

今後も「料理学校」をさらに増やすことが目指され、新設校はいずれも参加するという。[2] カールスバーグビエン地区に新たに建てられたヨーロピアンスクールの料理校もそんな取り組みのひとつだ。ハンネ・シュミット校長は、料理プログラムを誇りにしてこう語る。

「本校のカリキュラムはとてもアカデミックですが、校内の調理場で働くことから非常に価値ある実践的なスキルを多くを学べます」

ヨーロピアンスクールは欧州環境庁とも関連し、気候変動に関するアジェンダに従っている[18]。有機給食は、二酸化炭素の排出量削減という市の気候目標、気候に優しい食材と健康的な食べ物という原則にもマッチする。子どもや若者たちの「食のリテラシー」を育み、より持続可能で健康的な消費パターンを広める鍵としても重視されている[13]。

「本校の大きな特色は持続可能性の重視です。調理場で働き、食品の由来、有機食材、食品廃棄物、持続可能性の問題を理解するうえで実用的な機会となっています。人間が他者に依存していることの大切さも学び、『友達のためにした』ことをとても誇りに思っています[18]」

ヨーロピアンスクールのランチは最低一カ月分から注文ができ、値段は一食二六クローネ（四二五円）。メニューは毎週金曜日にウェブサイトに掲示されるが、食材の九〇～一〇〇％が有機で、四、五、六年生がプロのコックと一緒に準備する[19]。

料理長のアンネ・マリー・ボルドセン・ゾンダーガードさんは、二〇一五年から市の料理場で働いているが、今までで最高の仕事だと言えるとの感想をもらす。

「このキッチンを始めたことに興奮しています。学校の管理職も料理校の大切さや生徒への学習効果にとても前向きですし、より創作的な料理ができます。生徒たちはチームで準備するだけでなく、一生懸命に働けば、特別なケーキのレシピやロブスターの調理法について学ぶ機会も得ます。自分たちが学びたいと思うことをするのです[18]」

ヨーロピアンスクールは他国出身の移住者の子どもの割合が多い。二〇一八年にボストンから転居してきたベアトリス・オルベンさん（一三歳）は料理学校の思い出をこう語る。

「米国ではこんな体験ができたとは思えません。給食は段ボールのようで、文字どおり、冷凍庫から箱に入ったハンバーガーを電子レンジに入れていました。キッチンで働くことはとても楽しく、人との出会いを楽しめました」[18]

経費をあげず全国で有機給食を実現させる『コペンハーゲン・モデル』

「食の家」は、シェフだけでなく、民族学者、デザイナー他からなる三五名もの食の専門家集団だ。机上の空論ではなく、現場での実践を踏んで有機給食を実現してきた長年の経験を持つ[2,16]。この一〇年、仕事を通じて育まれたノウハウをさらに洗練させてきた。その結果、『コペンハーゲン・モデル』として知られる専門調理場での食材の質をあげるホリスティックな方法論が生まれた[17,18]。

二〇一三年四月には市から独立した公益法人となり、国全域の施設にも指導援助ができるようになった。同年八月には、さっそく国内第二の都市、オーフス市から「二〇二〇年までに有機食材六〇％を達成したい」との依頼が入れば、二〇一四年にはボーンホルム島からも「公共食堂を有機に転換させたい」と相談をもちかけられる。二〇一六年には転換を希望する一三〇〇以上もの専門調理場を援助した。経費をあげずに三五～七二％も有機の割合を増やせた[17]。二〇一七年には首都地域の九つの病院から「病院食で六〇％を達成したい」との援助を求められるが、『コペンハーゲン・モデル』を活用することで、予定よりも二年早く二〇一八年の春には達成された。[17]

高齢者の食のための会議、子どもたちのための食の会議等、様々な会議も主催してきたが、二〇一八年には、最初の「公共食」の北欧会議が「食の家」で開催される。会議の中心テーマは給食だったが、ベルリンも公共食堂での有機食材の割合や食事の質を高めることに着手するという。[17] 改革への伝道師として[16]「食の家」は様々なプロジェクトのコンサルタントとしても指定されている。[17] 料理の鉄人や専門家との協力を得て開発テストされ、有機の首都コペンハーゲンを実現させた学際的なノウハウは、[18] いま、市を越えて民間・公共を問わずそのメソッドを広める準備が整っている。[2] 有機認証農地が〇・二％（二〇一七年）にすぎない日本からすれば、有機給食の実現は夢物語のように思えるが、デンマークの事例を見れば、転換は可能だし、現実的に思えてくる。[8]

［注］コペンハーゲンを含む五自治体は、持続可能な都市開発を目指す「2000年のドグメ憲章」を打ち立てるが（現在は「グリーンシティ」に名称変更）、そこでは、食材の公共調達が重視され、重量換算で少なくとも75％を有機食材とする共通目標が立てられた。[14]「ドグメ２０００」の一部として2002年にはプロジェクト「コペンハーゲン健全な学校給食」が始まる。[2]

【2刷にあたっての補記】82頁では２０１６年現在、約１８００のレストランが有機ラベルを持つと書いたが、２０２０年12月では３２５０、最新データでの有機飲食店は３４２４となっている。85頁ではデンマークが１９１ユーロで、スイスの２６２ユーロに次ぐと書いたが、２０２１年2月17日に公表されたFiBLとIFOAMの最新データでは、デンマークが３４４ユーロで、スイスの３８８ユーロを超えてヨーロッパトップとなった。89頁ではコペンハーゲンが学校給食で有機食材94％を達成したと書いたが最新データでは１００％となっている。

コラム3－2　有機給食と食の自治のルーツを求めて

自然農法の聖地の雛を孵した一課長

これまで書いてきたように、いま、世界の給食は欧州を中心にオーガニックへと向かっている。農地の有機面積比率一五・一％のイタリアでも[1]、給食食材が有機農産物の売り上げの二六％と重要な販路となっており、エミリア・ロマーナ州では保育園児の一〇〇％有機給食を州法が定めている[2]。韓国でも有機給食の取り組みが進展し、全国平均で食材の五五％が有機農産物となっている[3]。ソウル市では二〇二一年から全小中高一三〇二校で無償の有機給食を実施することとしている[2,3]。食材を提供する有機農家は一六〇〇軒だが、この約七〇％が小規模家族農家で、公共調達による支援は全国の小規模農家への励みになっているという[3]。

有機給食は日本でも始まっている。すでに先駆的な事例もいくつかあり、書物も出ている。そして、必ずモデルを生み出したキーマンがいる。司馬遼太郎は『花神』で、主人公大村益次郎についてこう書く。「歴史が彼を必要としたとき忽然として現れた（略）。彼の役目は津々浦々の枯れ木にその花を咲かせてまわることであった。中国では花咲かじじいのことを『花神』という。彼は、花神の仕事を背負ったのかもしれない」

　彗星の如く颯爽と登場するヒーローによって時代が一気に回天するストーリーは胸が高鳴る。けれども、ドラマと違い現実の世はそれほどたやすくは変わらない。機が熟するまでの目立たない地味な積み重ねがあってこそ、相転移現象も起こりうる。そこで、このコラムでは、類書ではあまり描かれることがない成功の立役者を陰で支えた人たちの事例をたどってみたい。

　まず、石川県羽咋市だ。自然農法で有名な木村正則氏を講師として招き、ＪＡはくいが「自然栽培のと里山農業塾」を開催。自然農法の聖地のひとつといってよい。元役場の一職員、高野誠鮮氏がローマ法王に米を食べさせ、世界的に売り出したことがその第一歩となった[4]。市には「神子原」という高齢化が進む山間地がある。偶然だが、その地名は「神の子が住む高原」と法王が口にする米を作るにふさわしい。神子原産の自然農法米はいまネット上で一キログラム三五〇〇円で売られている。

　有機給食でも有名だが、年に八回提供されているだけだし[1]、有機の食材は米だけで、野菜は難しく取り組んではいないという[5]。それでもブランド化に成功しているのは過疎地域をなんとかしたいという高野氏の強烈な想いと行動力にあるといってよい。前例踏襲にとらわれず、勇猛果敢な挑戦を繰り返し、失敗にくじけず、経験知を積むしかないと氏は語る。

「魔法みたいにうまくいく方法はない。新しいことにチャレンジすれば、当然のことながら、ずっこけるが、失敗すれば『前回はああやってこけたな』と身体が覚える。それをやり続けるしかない。けれども、役人は思考の方向性は、できる可能性を模索せず、できない理由ばかりを懸命に住民に説明している[6]」

スーパー公務員さながらの発言といえるが、氏が奇抜な戦略を展開できた背景には世に知られぬ一人の公務員の存在がある。

「私は役所の中では嫌われたが、上司の池田弘農林水産課長が『君が失敗したら問われるのはわしの管理能力だけだ。退職まで後三年しかない。この三年で結果を出してくれ』とも言ってくれた。彼が私を本気にさせてしまったのです[6]」

言葉に偽りはない。池田課長は高野氏と連帯責任をとって訓告処分を受けている。「絶対に課長に恥をかかせてはいけない」と氏は腹をくくった[7]。ローマは一日にして成らず。ローマ法王を介していまでは世界に羽ばたいた羽咋の自然農法という雛は一課長が孵したともいえる。

日本で初めて有機学校給食米を実現させたいすみ市

オオタヴィン監督の新作映画『いただきます　ここは、発酵の楽園』で羽咋市の看板役木村正則氏とともに登場するのは、千葉県いすみ市の鮫田晋主査だ[8]。二〇一七年に市は全一三市立小中学校での給食を全量有機米にすることに成功する。これこそ全国初だ。耕作放棄地の広がりと高齢化の進行と米価の下落。「いすみ米」の認知度は低くブランド化もできない。そこで大田洋市長が目を付けたのが有機米だった[2]。トップダウンで有機推進を打ち出してみたものの、地元で有機稲作に取り組む農家はなく[9,10]、反応も冷ややかで、二〇一三年に見るに見かねた農家が〇・二二ヘクタールで試みるが、たちまち雑草に埋もれた[2,10]。前例もない中、三人も担当者が変わるが、四人目に真打ちが登場する。鮫田主査だ。サーフィンが趣味で都会から移住してきただけに[9,10]、余計な地元へのしがらみや農業への思い込みもなく[10]、千葉県の夷隅農業事務所も難色を示す中[2]、諦めずに有機栽培の適切な指導者を探し出す[9]。栃木県の民間稲作研究所の稲葉光圀氏だ。氏の除草技術は見事にあたり、取り組んだ全水田で草が出なかった。「これならいける」。生産者も納得し作付面積も広がっていく[9]。二〇一八年には二三人が参加、面積も一四ヘクタールへと拡大し、五〇トンの収量があがり、全小中学校の二三〇〇人分の需要量、四二トンをカバーできた[2]。

有機給食で一番のネックとなるのは経費だ。市は有機農家から再生産可能な一俵二万円で買い取っているが、給食費とするには高すぎるため、その差額、五〇〇〇万円は市が補填している[9]。

ちなみに、有機農業学会の会長でもある秋田県立大学の谷口吉光教授が、二〇一八年に現地調査におもむき市長の胸の内を打診したところ、「ちっとも高くない。PR効果としては安いモノだ。おかげで市は全国で有名になった」との答えが返ってきたという[8]。事実「いすみっこ」と命名してブランド化戦略を掲げ、日本航空のファーストクラスの機内食にも採用された[2]。

いすみ市は生物多様性が豊かだ。アカウミガメやゲンジボタルの保護活動、谷津田の再生等、市民の自然保護活動も盛んだった[10]。生物多様性の保全も農業や観光等の活性化に活かそうと[10]、市は二〇一二年に農業団体、JA、商工会、観光協会、NPO等四五団体が参加する「自然と共生する里づくり協議会」をトップダウンで設立する[2、10]。コウノトリを復活させた兵庫県豊岡市をモデルに『コウノトリ・プロジェクト』を庁内に発足。鮫田主査を担当に据える[8]。コウノトリの餌となるのは水田に棲息するカエルやドジョウだから、市が取り組む有機米づくりにもぴったりだ[2]。駿馬を見出した名伯楽、大田市長のリーダーシップは見事極まりない。けれども、谷口教授は、有機給食実現までには、長い前史があるとして、こう付け加える。

「いまでこそ『環境と経済が両立しなければいけない』と市長は講演でも語っています。ですが、『これからは生物多様性戦略が大切だと市民から言われても、当時は何を言われているのか全然わからなかった』と述懐されています。千葉県には堂本暁子という知事がおられたのですが、その堂本知事が生物多様性戦略を作り『その市町村版を作りたい』といすみ市にお願いしたことがあったのです[9]」

となれば、順風満帆で全国的にも有名ないすみ市の有機給食への布石は、大田市長を啓発した堂本元知事が打っていたともいえる。

「行政マンとして身内の悪口は言いたくはないのですが、できない理由ばかりを言ってしまうのです。そうならない関係を市民たちと作っていきたい[8]」

オオタヴィン監督との対談で鮫田主査は高野氏と同じことを口にする。そして、その背景には「できない理由を考えるより、どうやったらできるかを考えよう」と主張するまた別の先輩の存在がある。[11]「いすみの有機給食はゼロから考えたのではなくて、この本を擦り切れるくらい読み込んだのです」と手にもって掲げる『地産地消と学校給食』の著者、愛媛県今治市の安井孝元産業部長だ。[2、8]

日本で初めて遺伝子組み換え（GMO）規制条例を実現させた今治市

今治市は有機給食だけでなく、いち早く遺伝子組み換え規制条例を制定したことでも有名だ。一九九八年には市議会が「食糧の安全性と安定供給体制を確立する都市宣言」を採択して以来、有機農業、地産地消と食育を推進してきた。二〇〇六年には「食と農のまちづくり条例」を制定し、小腸の模型を子どもたちに見せたり、うんち模型を作って食べ物とのつながりを学ぶ授業を行う等、腸活の面からも先駆的な取り組みをしている。[12]

京都大学の藤原辰史准教授も、著作の中で新自由主義の流れに逆行する先駆的なものとして評価が高い、とする。[13] 最初に単独給食ができたのは有機農業が盛んな立花地区の鳥生(とりゅう)小学校で一九八三年のことだが、二〇〇三年に二六歳の市民アンケート調査を実施したところ、立花の有機給食を食べたグループは、地元産の食材を選ぶ率が高かった。地産地消や食育という言葉が広まるはるか以前から施策に着手した慧眼は見事といえる。[14]

食材購入にあたって重視することを市外産の農産物を食べたグループと比較したところ、「生産者」が四九・一％と三六・九％、「なるべく地元産」が二四・五％と一二・六％、「値段」が六〇・四％と六二・一％と有為な違いが見出された。

安井元部長は、市の兼業農家出身だが、神戸大学在学中から有機農業に関心を抱き、それを広めるために公務員を職業に選んだ。そんな元部長だけに入庁後すぐに一〇〇件あまりの政策案を作成・提案した。[14] 入庁三年目には「生態系循環農業」も提案した。とはいえ、一九八五年当時は上司から「時期尚早」と却下され、市長や助役に企画内容を見てもらうことさえかなわなかったという。[12]

今治市を事例として紹介するリポートが「時々の市長が食育や地産地消に熱心で、地元産小麦のパンづくりなどはトップからの命令で実施された点も成功の大きな要因」と指摘するように、[14] 安井元部長が二〇〇四年に地産地消推進室長に就任し、敏腕をふるえた背景には、彼の理想を支えた繁信順一市長（一九八八～二〇〇五年在任）がいたといえる。

けれども、いすみ市と同じくここでも名伯楽がいきなり登場したわけではなく、長い前段がある。藤原准教授は「壮絶な経過を経て自校方式の地産地消型の有機農業を可能にしたのは、住民たちの運動だった」と述べる。[13]

伯楽をもたらした隠れた主役、愛媛県元県議、阿部悦子氏は、長女が病弱であったことから、食の安全性に関心を抱いて幼稚園のママ友を誘って共同購入グループ「今治くらしの会」を一九七九年に組織する。[15] 父母試食会に参加し、加工食品や冷凍食品がふんだんに使われた給食を口にして愕然とする。[12,13] 犬のように口を食器に近づけて食べる「犬食い」は「先割れスプーン」が原因だったが、これも給食センターの大型洗浄機で洗浄しやすいからだった[13]。

今治市では一九六四年に早くも二三もの小中学校、二万七〇〇〇人分の食をまかなう西日本でも最大規模の大型学校給食センターを完成させていた[13,15]。センターの老朽化に伴い、市は立花地区の御(お)物(も)川上流にセンターを新設する構想を一九八一年三月に発表する[11]。小学校に入学した長女の先割れスプーンでの犬食いに心を痛めていた阿部氏は反対署名集めに着手する。団地を含め、あらゆる家を個別訪問。一万以上集まったことがない中で、わずか一カ月で二万一四五九筆と市始まって以来の署名が集まった[15,16]。同年一二月に実施された市長選では、女性の投票率が五%もあがり、「自校方式」を打ち出した新人の元県議、岡島一夫氏が当選する[15]。子どもたちに美味しい給食を食べさせたい。一〇人足らずの主婦グループが始めたささやかな運動を契機に五期二〇年、揺るぎないかに見えた羽藤栄一市政は瓦解した[17]。

「センター方式を潰したのは私らの功績ですね。ちょうど反対署名をしたときに、立花農協も反対の決議をあげたのを新聞で見て感銘を受けた。私たちだけではないと」

阿部悦子氏が当時を笑いながら回顧すれば、立花農協の有機農家、長尾見二氏もこう答える。

「あれは画期的なことだったわい。自分でも九分九厘勝てるとは思っていなかったが、見事に勝ったわい」

まさかの勝利との言葉が愛媛新聞の一面を飾り[16]、「給食で生まれた市長」とさえ言われた[15]。長尾氏ら有機農家が反対したのは、大規模調理場からの廃水による水質汚染を懸念したからだった[16]。

「今の『さいさいきて屋』の上側(かみがわ)にセンターを建て替える話がでて、その廃水が立花に流れると。そこで緊急動議を出した」

「さいさいきて屋」とは、「何度も来てくれ」との方言を店名に付けたＪＡおちいまばりが運営する直売所で、二〇一一年度には日本農業賞の「食の架け橋賞」の大賞を受賞している[16]。

一九八一年四月には立花養鶏研究会のメンバーを核とした「立花地区有機農業研究会」が設立され、立花農協がその事務局を引き受ける。翌五月には「ゆうき生協（愛媛県有機農業生産生活協同組合）」が設立される。生産者と消費者とが有機農業を目的に提携するという現代の日本でも例を見ない協同組合だ[12]。阿部悦子氏はゆうき生協があってこそ有機給食が実現したと語る。例として「給食に回すから今週は卵がない」と言われたことを思い出す。生協が給食に必要な食材を回す調整弁の役割を果たしていたのだ[18]。

翌八二年五月には有機農業研究会の越智一馬会長が「学校給食に地元産野菜や有機農産物を導入するよう市に要望すべきだ」と農協の通常総代会に緊急動議を提起し、これが満場一致で採択される[12]。そして、センター方式から自校方式への転換は、前述した立花地区の鳥生小学校に決まる[13]。以来、市では既存の大規模センター方式の給食がひとつひとつ自校方式へと解体されていく。町村合併で広域化した今治市は今では三大島、伯方島等島嶼も含むが、島では海産物が出る等、学校ごとに給食素材も違う。まさに、自校方式の強みが活かされている。事実だけを追えばスムーズに事が運んだように思えるが、阿部悦子氏は、ことは簡単ではなく、一回の選挙で勝利しただけでは市政は変わらず、反対の声をあげずに手を抜いたらすぐに自校方式を止めようとしたという[18]。宮崎県綾町で「自然生態系農業の推進に関する条例」が制定される四カ月前の一九八八年三月議会で市は「食料の安全宣言」を全会一致で採択するが、これも、行政部局主導というよりは、岡島市長の後見人的な役割を果たしていた砂田鹿嘉(しかよし)市会議員の尽力によるという[12]。

「その後に繁信さんが安井君に『お前が好きなようにやれ』という命令があったんや」

長尾氏は本格的に市が動き出したのは繁信市政からだと述懐すれば、それを受けて、阿部悦子氏も市長とのやりとりを懐かしそうに振り返る。

「その繁信さんが署名運動をしたときに最初に会った課長だったんよ。京大を出たエリートで、二万食のセンターを建てるので三二、三三歳で給食課長に抜擢されたのよ。でも、市長になってからは『今治の誇りは学校給食です』と言うようになった[16]」

有機給食実現運動のルーツにあったのは教育

長尾氏は、いまでは、有機農業を支持する気がなければ市長選にも立候補できないことが暗黙の了解になっているとまで語るが、そんな氏が有機農業に関心を持ったのは、長男が二歳のときに病気になり、小児科医から「農薬中毒で今晩が峠だ」と言われたからだった。いままでやってきた近代農業が間違いだと痛感したという。同時に第4章でもふれる肥満も理由だった。今のスマートな体系からは想像できないが、高度成長の中で伝統食を変えたところ家族の誰もがみな太った。それも食の歪みを直観させたという。死の淵から窮地を脱した長男は後を継ぎ、いまは愛媛県有機農業研究会の会長として、ゆうき生協の生産者のまとめ役となっている[19]。

けれども、長尾氏が語る有機農業運動史は、ただ食の安全にとどまらない。例えば、一九八九年当時はリゾート法によるゴルフ場乱開発が全国各地で問題となっていたが[20]「わしらは蒼社川で独自の土地改良区を作り、廃水をそこに流してはいけないということでゴルフ場開発を廃止に追い込んだわい」と語る[16]。蒼社川とは、今治平野を形成し、市の有名なタオル製造業も支えた二級河川だが、流域が花崗岩が風化した真砂土であることから表流水はわずかだ。人口増加や工業用水の需要増から、県は「蒼社川総合開発事業」を立ち上げ、一九六八年に玉川ダムの工事に着手する。ダムは一九七一年に完成したが[21]、このダム開発でも活動したのが長尾氏ら農業者だった。計画当初は、農業用水の取水権が軽視されていたのを運動によってひっくり返したという。

「鳥流農協にむしろ旗が立って市役所までは三キロメートルあるが道路の片側に軽トラがぎっしりと停車して、市役所には四〇〇〇人が集まって、ずらりと座った。完全に役所は営業停止じゃわい。万歳して『あんたらの言うことをなんでも聞く』と[15,16]」

長尾氏は「ダム闘争に勝利したことによって、その後の運動に弾みがついた。あくまでも平和的に、相手の弱点、相手が困ることをしてやればいい」と語る。

氏の戦略は、いまグレタさんら若者たちも参加する学校ストライキにも通じるものがある。

それにしても、なぜ、今見ても決して色褪せていないこれほどの先駆的な運動が、半世紀も前に展開できたのだろうか。おもわず浮かんだ疑問に対して、氏は答えを明かす。

「よく聞かれるが、『お前らの先輩にはこんな先輩がいたんだ』と高校で言われたことが大きい」

氏の出身校、今治南高校は、一九二六年(大正一五年)四月の開校時からして社会色を帯びている。[22] 日本を近代化させたキースラガー、別子銅山が発見されたのは一六九〇年(元禄三年)。翌年から大阪の住友家が採掘を始め、住友が日本を代表する巨大財閥となる礎となった。明治に入ると出鉱量も拡大。別子山中にあった製錬所が沿岸の新居浜に移設されるが、稲や農産物に被害が出る。農民たちの反対を受け、溶鉱炉は瀬戸内海に浮かぶ無人島であった四阪島へと移転する。けれども、瀬戸内海は内海だ。風が吹けば一八キロメートルも離れた新居浜や今治に煙害を引き起こす。[23] この住友金属鉱山四阪島煙害賠償に伴い、公益事業資金特別寄付行為として、今治市及び越智郡波方町他三四カ町村が組合を設立。組合立として越智中学を作ったのだ。[22] 被災農家にわけてしまうより、後進の育成のための学校建設に保証金をあてよう。当時のリーダーは偉かったと長尾氏は言う。

旧富田村の砂原鶴松村長の名も郷土の偉人として、氏はあげる。

「日本には二人しかおらん共産党の村長だとして、わしらは子どもの頃から誇りに思っておったわい」

戦後に村長は劣悪な食糧事情と農村経済の疲弊に対して、「酪農」に着目。今治駅前にミルクプラントを新設。その後、学校給食にも参入して、愛媛最大規模の酪農協、現在の四国乳業(株)

の基礎を築いた[24]。伊予冨田駅前には砂原氏の碑があるが、その碑文を書いたのが、越智郡冨田村出身の東大総長、矢内原忠雄である。

「矢内原さんは、戦争に反対して旧帝大教授を辞任させられたが（矢内原事件）、戦後、東大教授に復帰して総長まで務めあげた[16,19]」

時代が変われば公職を追放される人物が総長に返り咲く。氏は郷土の身近な偉人を通じて世論や社会的な評価がどれだけ変化するかを見てきた。

「戦争に反対した矢内原さんだけでなく、越智一馬さんがリーダーとなって若者たちも戦争反対だと集団で山の中に逃げた。二、三〇人が戦争にいかんかった。山の中で病気になって家に戻って来て逮捕されたが、昭和二〇年八月五日の今治空襲で釈放された。今治は反骨精神のある人が育っておる[16,19]」

我が心は石にはあらず。信念をもって生きることの大切さを氏は、郷土の教育を通じて体感してきた。今治市の有機給食の出発点となったのは、立花地区の有機農業研究会だが、その拡大に大きな役割を果たしたのは初代会長であった越智一馬氏で、安井元部長は、その活動を卒論の研究テーマとするほど氏から影響を受けていた[14]。有機給食も歴史をたどれば、江戸時代の三波川変成帯の鉱山開発にまでさかのぼる。風土や郷土史を抜きにして給食だけを切り取って考えることはできないのかもしれない。

コラム3－3 「大地を守る会」と有機学校給食

全国初の有機学校給食が誕生

日本最初の無農薬野菜を使った学校給食が誕生したのは一九七九年六月。[1]

「添加物が給食に入っていれば、せっかく家で有機農産物を食べさせても元の木阿弥になる」

東京都新宿区落合の母親たちから「オイシックス・ラ・大地」の藤田和芳代表取締役会長がこう言われたのがきっかけだった。[2] 当時、新宿区立落合第一小学校にいたベテランの栄養士、故西山千代子さんと協力しあうことで実現させた。[1,2] 同時に、「全国学校給食を考える会」の前身、「学校給食を考える連絡会議」も立ち上がる。それ以降、「大地を守る会」が運動事務局となり、藤田氏は事務局長としてずっとかかわっていくことになる。[1]

「カレーライス用のジャガイモでも、有機農産物は皮を剥いたり洗ったりしなければならない。手間がかかるし、仕事が過酷になるから反対だという声が多かったのです[2]」

泥を落とす手間から躊躇する栄養士や調理員を集めて藤田氏はこんな議論を投げかける。

「手間がかかるのならば調理員の人員を補充すればいい。子どもたちのいのちを守るために安全なものを食べさせることが、労働者の立場を守ることに反するとの議論には問題がある[2]」

加えて、当時の給食は先割れスプーンや自校方式からセンター方式への転換という課題も抱えていた[2]。公立学校の栄養士は教職員で日教組だが、調理員は自治労に属する[1,2]。組織的な対立もあったが粘り強く論議した結果、給食を良くすることと合理化への反対は同じ方向だとの合意が得られる[3]。

「日教組、自治労、日本消費者連盟との四者共闘の全国運動。そのモデルに落合小学校がなったのです[2]」

ロットが不足すれば、共同購入を欠品にしてでも学校に届ける。そんな苦労を前にさらに難敵があらわれる。学校に食材を納入していた八百屋さんだ。文部省管轄下にある「全国学校給食会」によって、食材調達では納入業者が指定され、普通の栄養士は自由に相手先を選べない。西山さんのような強烈なカリスマがいなければ、広がりには限度がある[3]。既得権益との調整をどう図ればいいのか。藤田氏はこう回顧する。

「地元の八百屋さんたちともぶつかったわけですが、学校から『トマトが欲しい』と言われても、前日が雨ならば収穫ができなくて欠品することがある。そこで、『大地を守る会』をベースにしても、八百屋さんを介して納入する方式にしたわけです。『欠品時には前日にお知らせするので、築地の青果市場に行って調達して欲しい』と。こうすれば、欠品も起らないし、地元の八百屋さんも生活ができる。共存できるやり方を提唱したことで広まっていったのです[2]」

方式は成功をおさめ、数年後には「大地を守る会」から農産物を買う学校が都内でも一三〇校にまで増えた。[2,3]現実の利害関係者を巻き込み、仲間にすることで、運動を前進させていく。[3]「学校給食」は「大地を守る会」が初めて取り組んだ社会的なテーマだったが、[1]この時、原点として獲得された手法は、その後も会の十八番となった。[3]

格差社会が拡大する今だからこそ有機給食で需要創出を

時代を一気に今に戻す。藤田氏は、いま、有機農業を目指す農家が抱えている一番の問題は販売先がないことだと指摘する。

「志ある消費者や生協がいても、有機農業を目指す人を全部カバーするだけの購買力がない。行政も支援していない。安定した販路がないことが広がらない大きな理由です[2]」

第4章でもふれるように欧米諸国では有機食品市場の拡大が凄まじい。米国では有機食品の売り上げが過去一〇年で二・五倍に増え、市場規模は年間五〇〇億ドル（約五兆五〇〇〇億円）。EU域内での販売額もこの一〇年で二・三倍に増え、三四三億ユーロ（約四兆一〇〇〇億円）に及ぶ。中国も二〇一七年の有機食品の市場規模が約九〇〇〇億円となり、米国、ドイツ、フランスに次ぐ世界四位の有機食品大国に躍進した。こうした中、日本だけが世界の流れから取り残され「ガラパゴス」状態になっている。二〇一七年の有機市場規模は一八五〇億円。一人当たりの年間消費額は、米国やドイツ、フランスの一〇分の一にも満たない[4]。

「人口規模から考えたら日本でも一兆円あってもおかしくはない。できるだけ早い段階で年商一〇〇〇億円を達成したい。業界ナンバーワン企業として成長を牽引していきたい」

二〇一七年一〇月、「大地を守る会」が「オイシックス」と経営統合し、年商規模を三六〇億円にした背景にはこんな思いがある[5]。

そして、こう続ける。「韓国では全国の小中高の学校給食を有機農産物に代えている。各地方自治体が高めの価格で食材を購入する条例も作っている。『それならば責任を持って地元の子どもたちのために有機農業をやろう』と地元の農家の意識も変わってくる。お母さんにも広がり、スーパー等でも有機農産物が販売され、有機農業の面積が五％に近づいている。安定した販路で生産者のコアができ、それが社会を動かす力になっていく。つまり、有機給食でそれぞれの地域が変わっていくことが、有機食品を広げる大きな力になるのです[2]」

「大地を守る会」の創設メンバーの長谷川満氏も、人口が減少していく中で、社員食堂や外食、給食を通じた需要増が大切だと指摘する。あわせて、農村でも非正規職があまりにも多く、正社員との賃金差が大きいと格差の広がりも懸念する。

「いま、本当に貧困による格差は激しくて、六～七人に一人がまともなものが食えない。朝飯すら食べさせられずに学校に送り出す家庭では給食が頼みです。だから、せめて給食だけでもきちんとしたものを食べてもらうべきです[6]」

社会を変える力は足元にある

「震災直後には七〜八割の人たちが『原発が嫌だ』と言っていたのに今も止まらないのはなぜなのか。政治家やリーダーに頼っているからです。誰かがやってくれる。他人事だと思っている限り、原発は止まりません[7]」

藤田氏は、原発やTPP、食の安全に対して、デモや署名運動をすることはもちろん大事だが、それだけでは社会は変わらない[2,7]。小さなことでも自分たちで自己決定をしていくことが大事だと指摘する[2]。「家庭で何を食べるかとか、自分が立つ場所で何をするかがとても大事です。『子どもがアトピーなのでちゃんとしたものを食べさせたい』というお母さんの言葉は本当に信頼がおけるし、ゆるぎない力です。女性たちには本当にリアリティーがある[6]。相手を説得したり誰かにやってもらうのではなく、ひとりひとりが自分の持ち場で考えたときに社会は動くのだと思います[7]」

藤田氏は日本農業の未来については悲観していない。

「『こんな時代なのにいまの若者は駄目だ』とかの声もありますが、大丈夫ですよ。

我々の世代には、農家の長男として後を継がなければならない恨みや悔しさから政府や農協の農政を批判して有機農業運動をしていた農家がいた。けれども、いまの若者は、自分で選択して農業に新規参入してきている。そういう若者がネットワークを作って知恵を集め、消費者とつながれば、我々の時代よりもはるかにいい社会運動ができると思いますよ」

前世代がすべきことは彼らが活躍する舞台を準備し応援することだといって藤田氏は微笑んだ。

大地を守る会では、幼稚園や保育園も支援してきたが、二〇一九年にやっと採算が合うようになり、八〇〇ほどの幼稚園で有機給食が誕生し始めているという。

「全国には幼稚園・保育園が三万五〇〇〇園ありますが、採算があうとすれば、学校給食の一歩手前の支援としてお母さんお父さんから支持が得られますし、そういうことも大事だと思いますね[2]」

コラム3-4　ミネラルたっぷりの学校給食で荒れた学校も変わる

給食を変えるだけで問題校が一変

日本で「キレる」子どもが話題になったのは二〇〇〇年、校内暴力が問題になったのは一九八〇年代だが、銃を携帯できる米国は桁外れで何度も乱射事件がマスコミをにぎわす。そのための専門の特殊学校もある。

ウィスコンシン州のアップルトン・セントラル・オルタナティブ高校は、普通学校では対応できない問題学生を個別にケアするために一九九六年二月に開校した[1]。荒れまくる学生で授業にならず、密造酒飲みや校則やぶりは当然のこと、武器すらも学校に持ち込む学生がいるために警察官を職員として配備していたほどだった[1,2,3]。

同州では、飲酒、ドラッグ、武器携帯、退学、自殺等の数値を毎年詳細に報告することが義務づけられている。けれども、一九九七年以降、同校ではそのすべてが「ゼロ」だ[1,2,3,4,5]。これは、どの公立高校や私立高校でも稀だし、とりわけ、特殊学校においては驚くべき他はない[1]。学生たちは静かに授業に集中し、学生同士や教師との交流も盛んで、目的意識すらもっている。[2]

「大きな成果です。校長として躊躇なく言えます」とルアン・コーネン校長は誇るが、いったい何が起きたのだろうか。[5] 警官を増員して隅から隅まで並べたのか。金属探知機を洗面所に設置したのか。現状を維持するため校内に独房を建設したのだろうか。違う。[4]

実は校長がしたのは学校給食のメニューを変えただけだった。[6,7]

教師のメアリー・ブリュッテ氏は、規律指導に時間を割く必要性がまったくなく、落ちついているのでさらに深く学問的な内容を教えられると喜ぶ。若者たちは互いに励ましあい、新たなクラスメートはその姿から学びを得る。校内警官、ダン・タウバー氏は学則を守らせる仕事がなくなった。その代わりにロールモデルとなった。学生たちは、どうしたらそのように肉体を鍛えられるかの方に関心を持ち、運動能力を食事で高めようと考えているという。[2]

タウバー氏は言う。

「食べ物にいま投資をするのか。それとも、将来投資をするのかです。いま、問題を正さずにどうやって正すのですか」

ブリュッテ氏も言う。

「栄養は、学校の一般運営予算の一部でなければなりません。新たなユニフォーム、フットボール・チーム、教科書他のすべてを気にかけているのに、どうして、栄養のことを気にかけないのでしょうか。それは、ポジティブな学習環境を創造するための基礎なのです」[4]

自販機を撤廃、カフェで野菜と全粒パン

米農務省によれば、学校の七六%では清涼飲料が提供され、六三%では塩分が多いスナックや高脂肪の食事が提供されている[6]。かつてのアップルトン高校も同じで、ほとんどの学生は、塩分や糖分が多く、微量栄養素が乏しいキャンディ、チップス、ソーダ他を自動販売機で買い、こうした食品を食べた後に、イライラし、カッとなって、教室を飛び出したり、乱暴な言葉を使ったり、教師に逆らったりしていた。栄養士たちはもっと健全な食品を食べてもらいたいと望んでいるが、たぶん無駄だと諦めていた。カフェテリアにファストフードが出されなくても、キャンパス外で買ってしまうからだ[2]。けれども、いまのアップルトン高ではそうならない。

ソーダやジャンクフードの自動販売機が撤去され、ジュース、水、栄養ドリンクを提供するものに置き換えられている[5,7]。そして地元のパン屋「ナチュラル・オーブン」と提携し、カフェテリアで学生たちに無料で栄養価が高い朝食を出しはじめた[4,6]。翌年からは朝食だけでなく昼食も提供され、ハンバーガー、ピザ、フライは、添加物や化学調味料を一切含まず昔ながらのレシピで調理された肉や全粒穀物のパンに交換され、生鮮野菜や新鮮な果物がメニューに加えられた[2,3,4,5,6]。パン屋が、調理現場に自分たちの会社からコックを派遣して健康的な食事をカフェテリアで提供するようになってからは[2,5,6]、校則でキャンディを校内の敷地内で販売することや、食べ物や飲料を外から持ち込むことも禁止された[7]。

食を変えれば脳は健全に機能する

「ナチュラル・オーブン」は、全粒穀物食品を生産・販売する会社で、生化学の専門家、ポール・スティット氏が一九七六年に立ち上げた。妻のバーバラ・スティット博士は、著作に『食べ物と行動、自然なつながり』もあるが、ポールと結婚するまで保護観察官として長く働き、問題行動への食事の影響を体験する中、一九七一年に食改善のプログラムを開発。実際に、窃盗罪を犯した少女や、家族やガールフレンドを銃で殺そうとした青年を食事で治してきた[7]。

夫妻は、地区の学校に新鮮で栄養価が高い健全な食材を提供する五カ年事業を立ち上げる。二〇〇〇ものウィスコンシン州の学校に提供するには年に二万ドルもかかるがすべて負担した。博士はこう語る。

「法廷での仕事を通じて、そして、食事による成功から、学生たちの問題を防ぎたかったのです。一人の子どもが逮捕されれば、学校の経費はもっとかかります。アップルトン高校での成功から六年。それは学区全体の一万五〇〇〇人の健康的な食にもつながりました[2]」

「質が高い食事を学生たちに提供すればコストがかかりすぎるという議論を私は信じません。なぜなら、機材、備品の破損がなく、ゴミがなく、セキュリティのコストも必要がないからです」

と校長も言う[2、3、4]。

博士は学校側を説得するのが最大の挑戦だったと語る。

「学校はファストフード産業からの献金に慣れていました[7]」

そこで、食の影響を理解してもらうため、反面教師として「ジャンクフード日」を設けてもらうようにした。効果は覿面だった。二時間も経たずに、教室は制御不能となり、ある学生が無気力になる一方で、別の学生は怒り、場合によっては狂暴となった[7]。

なぜ食事を変えれば、行動が変わるのか。それは脳の仕組みを考えてみればわかる。第5章で記述するように脳が健全に作動するにはオメガ3脂肪酸やミネラル、ビタミンが欠かせない。けれども、「食品」と呼ばれていても多くのジャンクフード、加工食品にはそれらが含まれていない。カラダはアタマよりも賢い。カロリーはあっても身体が慢性的な栄養失調に陥れば、重要なタスク順にそれを割りあてる。最優先されるのは生存するための各臓器のメンテナンスであり、子どもであれば、次が成長だ。物事の認知や他者との交流は後回しとなる[6]。逆に健全な食事をすれば、暴力や反社会的行動も減るだけでなく、ＩＱや試験成績、そして、学ぶ力も高まることが最先端の研究からわかってきている[3]。

博士は、新鮮な野菜、果物、マメ、全粒穀物、ナッツ、水を口にすることを勧める。同時に、人工着色料や甘味料、ソーダ、精製小麦粉や砂糖はすべて、子どもたちをおかしくすると嘆く。もし、アップルトン高校で起きていることが全米中に広がれば、注意欠陥・多動性障害、自閉症スペクトラム障害、不安、鬱病、統合失調症、双極性障害も減っていく可能性がある[7]。あらゆる革命は、足元から始まる。「ナチュラル・オーブン」は大手食品飲料メーカーが提供するジャンクフードという岩盤にドリルを入れているのだ[4]。

運動と健全な食での腸活で免疫力を鍛えることが最善のコロナ対策

新型コロナ対策といえば、三密を避けてマスクを着用し、指先を洗浄することがまず思い浮かぶ。けれども、海外、とりわけ、欧米、さらにはベトナムも違う。

「確かによく耳にされているのはソーシャル・ディスタンシングや人工呼吸器です。感染すればそれに頼るしか生き残れないというのです」

米国バージニア大学医学部の骨格筋研究センターのゼン・ヤン所長が言うように、米国疾病予防管理センターによれば、罹患者の三〜一七％は急性呼吸窮迫症候群（以下、ＡＲＤＳと表記）を発症している。入院患者では発症率は二〇〜四二％、集中治療を受ける患者ではその範囲は六七〜八五％に及ぶ。ＡＲＤＳにかかると肺の小気嚢に液体がたまる。肺活量が減って酸素がいきとどかず、重症患者の死亡率は四五％にも達する。

「ですが、これは裏を返せば、確認されたコロナ患者でも約八〇％は症状も穏やかで人工呼吸器もいらないということです。問題は『なぜか？』です。内因性抗酸化酵素についての私たちの発見が重要な手がかりとなります」

ヤン所長が言う「細胞外スーパーオキシドジスムターゼ」は組織をダメージから守り治癒力を高める。筋肉中で自然に作られているが、運動をすることによって増す。

「考えている以上に運動には多くのメリットがあります。ARDSの予防や軽減もその多くの一事例にすぎません」

所長がソーシャル・ディスタンシングをとりながらも運動を勧めるのもそのためだ[1]。

運動と並んで重要なのが食事だ。コロナに罹患して死亡するリスクは、肥満、二型糖尿病、心血管疾患を抱えた人が最も高く[1,2]、それは食事の影響を受けるからだ[1]。ロンドン大学キングズ・カレッジの遺伝免疫学の専門家、ティム・スペクター教授も、手をよく洗い、ソーシャル・ディスタンシングをとって感染リスクを下げることを前提としたうえで[2,3,4]、ジャンクフードや加工食品、添加物を避け、食物繊維分が多い野菜や果物、全粒穀物を食べることで健全な腸内細菌叢を養い免疫力を高め、外からだけでなく内側からも防ごうと呼びかける[1,4]。

コロナやSARSが食べ物で防げるとの決定的なエビデンスはまだない。けれども、健全な腸内細菌叢が維持されていれば、免疫力が高まることを示す研究はいくつかある[3]。例えば、スウェーデンのテトラパック社が二〇〇五年に工場従業員に対して実施したランダム化プラセボ対照試験だ[3,5]。プラセボ群では二七名のうち九名が病欠したのに、乳酸菌、ラクトバチルス・ロイテリを八〇日間食べた二六名は病欠が皆無だった。[6] 二〇一九年に実施されたメタアナリシスからも、プロバイオティクスによって風邪にかかるリスクが減り、幼児や子どもたちへの抗生物質の使用量を減らせることが判明している[3]（注1）。

それ以外の伝染病でも、栄養が不足すれば、罹患しやすくなるうえ、回復するまで時間もかかり、死ぬリスクも高まる。この経験をふまえ「公衆衛生からみれば、十分な栄養を摂取すれば、免疫力が高まり、患者も早く退院できる。緊急患者向けの病院の余力も生まれる」と説く。

腸内細菌叢を健全化するには、地中海料理が一番だ。そこで、食物繊維分が多い野菜や果物、ナッツ、全粒穀物や魚を食べ、エキストラバージン・オリーブオイルから良質な脂肪を得て、赤身の肉、アルコール、塩分、清涼飲料水やジャンクフードを含めた超加工食品、人工甘味料他の添加物を避けよう。ロックダウンで外出が禁じられているときこそ、生きた善玉菌、プロバイオティクスを多く含むケフィアヨーグルト、伝統的なチーズ、紅茶キノコ、キムチ、ザワークラウト等の発酵食品を作って食べよう。その方が、トイレットペーパーを備蓄するよりはるかに重要だと呼びかける。[4]

米国のタフツ大学医学部、ダリッシュ・モザファリアン教授も、危機の中だからこそ、リスクにさらされている人たちに対して、まともな食事を提供することが重要だと指摘する。[2]

二〇一九年の米国心臓協会のリポートによれば、成人の半分以上、一億二一五〇万人が心血管疾患を抱え、一億一四四〇万人が糖尿病か糖尿病予備軍になっている。[2] 教授は「高血圧、高コレステロール、糖尿病、糖尿病予備軍ではない成人は一二％しかいない」と語る[1]。

最近の研究によれば、心血管疾患や糖尿病による死亡の約四五％は貧しい食生活に起因する。今もこの貧しい食生活によって、毎年、約五三万人、一日当たり一五〇〇人が死去している[2]。でっぷりと突き出たメタボ腹は、高血圧、高血糖、低コレステロール、高脂肪状態がクラスター化したものだが[1]、慢性化した炎症と関連して、免疫力も低下しているから、肺機能の不全や冒頭でふれた死因につながる過剰な炎症を引き起こす[2]（注2）。

「健康不良の主な原因は貧しい食生活で、これがコロナの発病と死因の最大のリスク要因なのです[1]」

現在でも、米国では格差の広がりから三〇〇〇万人もの子どもたちが無料か補助をうけたランチを受給し、うち、ほぼ一五〇〇万人が「学校朝食プログラム」に参加している。低所得の子どもたちの日摂取カロリーのほぼ半分を占めるため、給食が文字どおり生命線なのだが、一二万校以上もの学校が閉鎖され、公共・私立をあわせてほぼ五五一〇万人もの子どもが影響を受けている。それだけに、コロナの危機を打開するうえでも、栄養の改善、健全な食生活が最優先事項で（注3）、免疫力を高めるために健全な食のための国家戦略を緊急に構築すべきだ、と提言する[2]。

コロナ死因の最有力候補は貧しい食生活による肥満

皮肉なことだが教授たちのアドバイスが正鵠を射ていたことが次第に明らかになりつつある。フランスの感染症の権威、ジャン＝フランソワ・デルフレシ氏は、四月の段階から重症化の主なリスクは肥満であって、肥満率が高い米国が、とりわけ、脆弱だと警告をしていたが[7]、感染者、死者ともに中国を抜いて世界最多となった米国は、三八・二%と先進国の中でも類を見ない肥満大国なのだ[8]。免疫力が低いため肥満症患者が危ないとの指摘は[8,9]、医療現場からの報告や疾病予防管理センターの解析から重症患者が肥満症であることで裏付けられた[8]。ニューヨーク市でもコロナ入院の主要な危険因子は肥満で、コロナでの死者の最大九七%がこうした状態だとする研究もある[9]。

イギリスの肥満率も二六・九%と世界六位で、欧州内ではハンガリーの三〇・〇%に次いで高いが[8]、やはり重篤患者の七六・五%が太りすぎであることが判明した[10]。

米国では黒人の死亡率が白人の二・四倍もあることから、人種問題にまで問題が発展しているが、これも肥満が関係している。低所得層や貧困層が居住する地区には生鮮食品を販売するスーパーがほとんどないため、その食事は高カロリー、高糖質のいわゆるジャンクフードに偏りがちだ。こうした地域は食の砂漠「フード・デザート」と呼ばれるのだが、肥満が多い[11]。二〇一七年の世界疾病負担報告書でも、いま、世界では二〇億人以上の人が太りすぎか肥満で、メタボが大きく懸念されている。そして、食と関連した重度の肥満が、人工呼吸器での集中治療につながることが判明してきた[12]。となれば健全な食品を手にできないフード・デザートが最大の問題ではないか[1]。

ニューヨークタイムズのジェーン・ブロディ記者はこう書く。

「コロナは、米国社会の格差に明白な光を浴びせた。経済的に困難な地区に住む人たち、とりわけ、有色人種は、感染で最も重い負担を負わされている。食と関連する疾患はウイルスへの脆弱性を高めるのだが、メタボを防ぎ、しっかりと免疫力を支える栄養的に健全な食べ物に対して国はほとんど注意を向けてこなかった[1]」

持続可能なフードシステムに関する国際専門家パネルのリポートも、肥満や糖尿病等、食と関連する非感染性疾患がコロナによる死亡のリスク要因で、豊かな国においてさえ、低所得層は、栄養価が高い食べ物を手にいれられず、より加工商品に依存するという悪循環に陥っていると懸念する。[10]

新鮮な野菜や果物、マメや魚等の高タンパク質食品を摂取することが必要なのに、スナック等の加工食品の販売が急速に伸びている。というのはフード・サプライチェーンの混乱と、失業や収入の落ち込みで、貧しい人がリスクにさらされる中、ジャンクフードの製造業者は、この危機を市場拡大のチャンスとみて、[12]多くの人たちも不健康な加工食品に目を向けているからだ。[1]

世界中でいまも二〇億人以上が、「隠された栄養上の飢餓」の影響を受け、鉄、ヨウ素、葉酸、ビタミンA、亜鉛が最も広く欠乏しているという。こうした栄養飢餓は、人々の免疫力を著しく弱め、病気への感染や死亡のリスクを高めるだけでなく、成長不良、知的障害、周産期合併症の原因にもなり、国の人的資本や発展の可能性を低下させる。したがって、どの国も、従来の高カロリー食以上に栄養を確保する必要がある。世界銀行のメッセージもそう警鐘する。[12]

第二波襲来にはワクチンよりも食を整える方が有効

ということは、逆も真なりだ。国際メディアでは、精密な検査やハイテクを活用した隔離マネジメントが話題を集めているが、アジアでパンデミック抑制に最も成功したベトナムの取り組みはほとんど注目されないし、関心も持たれていない。ベトナムでは、ファストフードを避けるとともに、生鮮農産物を食べるメリットを訴え、乳児には母乳を飲ませることを政府が各家庭に奨励した。都会の貧困層には手厚い食料援助を講じることに力を入れた[13]。世界銀行のリポートも、食料を購入する低所得世帯に対する社会的セーフティネットが必要で、病気への対抗力を高めるため、栄養上でのアドバイスを強化し、母乳育児を促進する南アジアの「食と栄養の安全保障イニシアチブ」からは多くが学べると述べる[12]。こうしたことでコロナが抑制できるのであれば、コロナ禍とは免疫力、栄養、すなわち、食の問題であったのではないかとも思えてくる[10]。

話を米国に戻そう。ネルソン・ロックフェラー副大統領の政策補佐官やフードスタンプの改革タスクフォースの議長を務めたグレイディ・ミーンとその娘のキャセイ・ミーン医師は「国家安全保障の観点から、個人の自由を大幅に制限するよりも、食を変えることの方がはるかによい。運動と根本的な食の改善を通じて、免疫力を構築しなければならない」と説く。有効な治療法や予防薬の開発には時間がかかり、そうでなくても、慢性疾患によって、不必要な数千億ドルが医療に費やされていることから、身体の抵抗力を高めた方がよいと語る[9]。

今回のパンデミックがたとえ沈静化しても、襲来する第二波からのダメージを防ぐには、食事の改善が必要だとして、次のように憂える[1]。

「塩や砂糖、習慣性のある不健康な超加工食品からの容赦なき宣伝に直面し、濃い味への好みが文化的に定着していることから、健康的な生活を送ることは非常に難しい。多くの米国人は健康的な食べ物へのアクセスが限られ、公共政策では病気を促進する食べ物に対して補助金が出され、座りがちな習慣があり、医療や医学教育は依然としてケアよりも治療を重視している[1, 9]」「インスリン、スタチン（コレステロール低下剤）、降圧剤への依存を止めることが最も簡単に思える」「医薬品を投与する現在のスタイルから、慢性疾患を予防できる栄養医学や生活医学を重視する必要がある」「農務省や補助的栄養支援プログラムや学校の食事ガイドラインも不健康なもので、子どもたちが将来、コロナの犠牲となることを運命づけている」

「米軍でさえ、肥満が蔓延していることから、健康な軍人の採用に苦労している。米軍は、新鮮で健康的な食品を優先して、病気を引き起こす食品の削減を義務づけるときだ[9]」

「コロナは目覚めの呼びかけだ。これは、食から七つの致命的な罪を減らし排除することを意味する。加工食品、工業的に飼育された肉、乳製品、精製糖、精製穀物、植物油、過剰な食塩だ。それは、乳製品、砂糖、小麦、トウモロコシ、ダイズへの現在の農業補助金をカットすることから始められる。この多くは、家畜飼料、精製油、白小麦粉、高果糖コーンシロップへと変換されるものだからだ。米国人は、病気への扉を開く食品に対する補助金のために数十億ドルを支払い、慢性病を治療するため数兆ドルを医療費として支払い、そして、パンデミックが襲来すればまた数兆ドルを失うことになる。

現在は、有機野菜や果物、ナッツ、マメ、ハーブに対してはごくわずかの農業補助金しか支出されていないが、その生産を再強化して、国民が安く利用できるようにする必要がある。皮肉なことに、コロナは、米国の農家が農地を『刀』へと変える秘密を提供しているのだ[9]」

興味深いことに、ミーン親子のこの一見過激な主張とほぼ同じ論旨を世界銀行も展開する。

「依然として多くの国で野菜や果物の価格が高いのは、栄養価が低く糖質分が多い穀物や砂糖の生産に公的補助金が投じられているためだ。そして、巧妙なマーケティング戦略とあいまって、不健康な食が後押しされてきた。世界銀行の新たな研究では、不健康な食品に対して政府が増税し、そのマーケティングや広告を規制することを奨励している。四七カ国以上でこうした取り組みが実験されており、健康的な食品に対して補助金を出し、加工食品に適切な表示を義務づけたチリやメキシコ等の成功事例をとりあげている。どの政府も財源事情が厳しい中、甘味料入り飲料等に課税をすることで、財源を捻出し、コロナ等の感染症を防ぐための社会的セーフティネット事業の強化に役立てられる。農業面においては、これは家庭菜園の促進、国内向けに生産される農産物の多様化、傷みやすい食品のコールドチェーンの改善、生鮮食品市場のアップグレード、食品安全に対する投資まで、様々な形をとる[12]」

オーガニックに走る消費者たち～今後五年で一・五倍に？

拙著『タネと内臓』でも登場した総合地球環境学研究所スティーブン・マックグリービー准教授は、米国では失業者が多いため、食の問題で苦しんでいる人が多いが、中産階級ではテレワークが増え、ガーデニングがブームとなっていると語る[14]。つまり、ごくたまに賢い食を選ぶことではなく、どこに住むかから、文化、資源、習慣まですべてに影響する完全なライフスタイルの変化が起きる可能性がある。[1]

日本はさておき（注4）、医師たちが呼びかけるまでもなく、世界各地では実際にコロナ禍によって消費者の行動が変わりつつある。有機農産物への需要が急増し、世界中でオーガニックブームが巻き起こっている。[15,16] ＡＩを用いてオンラインでの消費者の意向を分析する「Tastewise」のデータによれば、「免疫力」というキーワード検索が三月では二七％も増え、紅茶キノコ、ピクルス漬け野菜、ゴーヤ等の免疫強化につながる食材への関心が高まっている。[16]

エシカル商品の流通販売やコンサルティングを行う「エコビア・インテリジェンス」を創設したアマルジット・サホタ社長は、消費者意識が高まり競って有機や健康食品を購入していると語る。[15,16,17]

「免疫力を高めようとして、有機食品や野菜や果物等、栄養サプリメントに多くを出費しています。健康や予防のためともなれば、値段もさほど気にしません。様々な研究からは慣行よりも有機の方が栄養成分が多いことが示されていますが、有機の方が安全で健康的で、加工食品よりも栄養価が高いとして買っているのです[16]」

最も売れているのはオンラインでの販売で、世界最大のオーガニック食品販売業者、ホールフーズマーケットは、未曽有の需要増から、オンラインでの顧客数を制限し始めている。イギリスでも、「Abel & Cole」は受注が二五％も増えたし、インドでもオンライン販売業「Nourish Organic」の売り上げが前月より三〇％も増えた[15,16]（注5）。店頭販売でも、多くの国ではオーガニックショップや健康食品店は新たな顧客が増える一方、馴染み客はさらに多くを購入している。フランスでは、いくつかの自然食品店では四〇％以上も売り上げが増えた[15, 16]。

イギリスでもオーガニックは以前から好評でこの一〇年で五〇％以上も伸びてきた[16]。二〇二〇年の最新「年次オーガニック市場リポート」では、二〇一九年に売り上げが四・五％も増え、二四億五〇〇〇万ポンド（三三六〇億円）に達したが[17]、コロナ禍でこれに拍車がかかり、三月と四月はさらに二五・六％も伸びた。

中でも人気を集めているのが有機卵だ。有機農業での鶏の飼育数は二〇一七年から翌一八年で一〇％増え、約三四〇万羽に達したが、二〇一九年には、オーガニック卵とオーガニックチキンの売り上げが一二％も増えた。小売販売されている卵のうち有機卵のシェア率はほぼ一〇％だが、イギリス土壌協会のフィン・コッテル氏は、ロックダウンの中でさらに販売が好調で、人気を呼んでいる理由を説明する。

「二つのことが起きています。ひとつはベジタリアンや植物性中心の食への動きです。赤身肉が遠ざけられ、卵が健康とされています。そして、肉をそれ以外のものに切り替えている消費者はおそらく有機農産物にも関心があります」

イギリスでは気候変動問題が新聞の見出しで再三にわたって掲載され、消費者からすれば、オーガニックは、環境に対する負荷を減らすためのシンプルな選択肢となっている。

「そして、もうひとつはアニマルウェルフェアです。これも依然として購入するうえでの強力な動機です。消費者はその食べ物がどこから来たのかを知りたい。これは有機卵にとって良いニュースなのです」

平飼い卵では価値維持に苦戦しているが（注6）、有機卵は価値面でも有利だという。有機認証はアニマルウェルフェアの基準をまもって生産されていることを保障するからだ。

「オーガニックとそれ以外の卵の価格差はさらに広がる可能性がありますが、消費者はオーガニックを重視しています。現在ではすべてがバラ色に見えます[18]」

たとえ、コロナ禍が鎮静化し、ロックダウンが解除された後も、オーガニックへの需要は高いままとどまり、有利な状況は変わらない[15,16]。サホタ社長も楽観的に予測する。それは、過去にも健康不安がオーガニックブームを引き起こし、その後も需要が続いた経験があるからだ[15,17]。例えば、現在、世界最大のオーガニックミート市場があるのはヨーロッパだが、その発端となったのは二〇〇〇年のBSE危機だ[16]。

「欧州全域でオーガニックミートへの需要が高まり、危機以降も売上が引き続き好調だったため、これが生産増への投資につながったのです[15,16,17]。SARSのときも不安から消費者は栄養や予防に関心を向けました[16]」

二〇〇四年のSARSでは中国とアジアでオーガニック需要が急増した[15,16,17]。二〇〇八年には、中国では牛乳と乳児用の粉ミルクにメラミンが混入して、推定三〇万人が被害を受け五万四〇〇〇人の乳児が入院し、六人が腎臓結石他の腎障害で死亡するという不幸な事件が起きたが、このスキャンダルで空前のオーガニックベビーフード需要が引き起こされ[15,16]、数年を経ずしていまでは中国が世界最大の有機粉ミルク市場となっている[15]。

一九九〇年代以降、世界的に有機農産物への需要は伸び続け、二〇〇八年には五〇〇億ドル（五兆四〇〇億円）に達した。ここまで増えるのに一五年以上の歳月を要したが、一〇年後の二〇一八年には、一〇〇〇億ドル（一〇兆八五〇〇億円）を超えた。そして、今回のコロナによって人々の購入嗜好や食生活が変わったことから、次の五年間では一五〇〇億ドルへの飛躍が見込まれるという[15]。

破綻するグローバル流通～コロナは地産地消時代に向けたリハーサル

サホタ社長がもうひとつ着目するのは、地場流通へのシフトだ。グローバル化に向かうサプライチェーンの脆弱性が今回のコロナで明白となったからだ。今回のパンデミックの勝者は、調達上のリスクが小さい、サプライチェーンが短い企業だったと指摘する[17]。

土壌協会のコッテル氏も、食料安全保障への懸念から、消費者は地元企業を支援しようとして、地元産の製品の売り上げが伸びていると指摘する[16]。

現在、有機ビジネスもグローバル化している。エコビア・インテリジェンスによれば、欧州や北米の有機食品企業が使用する原材料の多くは、アジア、ラテンアメリカ、アフリカで生産されているが、これもロックダウンで打撃を受けた。例えば、オーガニックティー、ハーブ、スパイス等を提供している主産地はインドだが三月に導入された緊急措置で輸出を停止した[15,16]。優良事例として紹介したベトナム（126頁）も国民への食料供給を優先して米の輸出を禁止した[10,19]。マレーシアでは、二・五カ月分の米のストックしかないため、このベトナムの米輸出停止の影響が懸念されている。逆にマレーシアによる国境閉鎖が、通常は輸入される生鮮食品がシンガポールには届かなくなるとの恐れを玉突き式に呼ぶ[10]。

ウェールズにあるカーディフ大学で、食の政治学を研究するルディビビンナ・ペテティン上級講師も、現在の「ジャスト・イン・タイム」のデリバリーシステムの弱点が今回のコロナ禍でさらけ出されたとし、今後の市場の変化が、グローバルな食料不足につながることもあると懸念する。

「ベトナムやカンボジアは、自国民の食料確保のためにこうした措置を講じました。もちろん、現時点ではまだ英国の棚には米が残っています。ですが、数カ月以内にこうした輸出規制の結果が現れ、中短期的に私たちの食料不足や世界的な食料危機につながる可能性があります[19]」

サホタ社長は、パンデミックでグローバル・サプライチェーンの脆弱性が浮き彫りとなったことから、イギリスは国内の食料生産を重視して政策を変える可能性があるとみる。

「第二次世界大戦のように、現在の緊急状態は、まさに国内での食料生産とサプライチェーンの必要性を強調しています。危機時の食料の安定供給を担保するため、今後、イギリスでは政策の変化があるのではないかと期待しています」

イギリス政府はすでに国内の酪農業の支援を始めた。北アイルランドの大手食品メーカー「マッシュダイレクト」もコロナの影響に対抗する取り組みに着手し始めた[17]。

コミュニティ支援農業（CSA）の国際ネットワーク、ウージャンシーの表現はもっとストレートだ。

「いま、私たちは、グローバルな食料流通システムの弱点を多く学んでいる。国境を越えた遠方の国からの輸送だけに必要な食料を頼れないことを各コミュニティは発見している。大規模な工業型農場の生産者も、以前と同じようには移民労働者には依存できない。コロナウイルスの危機は、すべての人々が栄養価が高い食べ物を手にできるローカルなフードシステムに向けた大きな国際的な取り組みのリハーサルにすぎない[20]」

[注1] プロバイオティクスは、ビタミンと組み合わせることでより免疫力を高める[3]。例えば、疫学的なエビデンスから、ビタミンDは獲得免疫を調節して炎症を抑えるとともに自然免疫を増強し、逆に欠乏すると自己免疫疾患や感染症に罹患しやすいことがわかっている。ファインスタイン医学研究所のシンシア・アラナウ教授によれば、生得免疫と獲得免疫に関係する免疫細胞、マクロファージ、樹状細胞、T細胞、B細胞は、いずれもビタミンD受容体（VDR）を発現させ、糖尿病、高血圧、心疾患等の疾患のリスクを下げ、免疫力を高める効果があるという[5]。

また、腸内細菌は多くの有益な化学物質を産生し、食物中に含まれるビタミンAを活性化するが、これも免疫力を管理する助けとなる[4]。

[注2] 腸内細菌叢と免疫力との相互作用はまだ完全に理解されていないが、免疫反応特性のひとつ、炎症と深く関連する。すなわち、コロナウイルスだけでなく、他の病原体でも免疫システムが過剰に反応することが呼吸不全や死をもたらす。したがって、過敏性免疫反応は免疫反応が不活発であるのと同じほどリスクが高いが、健全な腸内細菌叢は、肺の損傷や死にさえつながるウイルスに起因する過剰な炎症を防ぐ働きがある[2,4]。

[注3] 免疫力を高める助けとなる微量元素を含めた栄養分は、亜鉛、セレン、鉄、ビタミンA、ビタミンC、ビタミンD、ビタミンE、ビタミンB6と葉酸とされる。どのような成分の組み合わせがコロナ予防のうえで最も有効なのかはまだわからないが、これらがインフルエンザや風邪などの呼吸器感染症に対して有効であることは判明している[2]。

[注4] オイシックス・ラ・大地等の宅配では売り上げが伸びているが、日本の実際の店舗ではこれだけの際立った変化は見られない。

[注5] 日経新聞は2020年6月2日、「インド、有機野菜を推進　都市封鎖、健康意識高まる」とそのことを報じた。

[注6] 例えば、世界的なイベントであるオリンピックでは、社会的責任が問われるようになっており、環境や社会、人権や動物に配慮したイベントであることが求められるようになっている。このため、卵の基準では、ロンドン

オリンピックでは、放し飼い以上の卵（放し飼い・オーガニック）、リオオリンピックでは、ケージ飼育ではない卵（平飼い・放し飼い）となっている。バタリーケージ飼育は、欧米、中南米、南アフリカ、韓国等、世界中で廃止されているため、平飼いだけでは付加価値がつかない。ただし、開催予定の東京オリンピックでは、飼育方法の規定がなく、バタリーケージ飼育の卵もＯＫとした。

コラム4―1　オーストラリアで始まったタネの図書館

市民の自給用にタネを増やすシード図書館が誕生

「事態がさらに悪化すれば、物資をストックするよりも、菜園で栽培した方が将来的によい備えとなります」

新型コロナウイルス対策による自粛に伴う食料不足の不安から多くの人たちが農業を始めているが[2]、イギリスで有名なシェフ、アダム・ライアウ氏も自給自足を推奨する[1]。

オーストラリアのアデレード（注1）にあるゴールデン・グローヴ育苗園のスティーヴ・ニール社長も、自衛手段として農業への関心が高まっていると語る。「ブロッコリー、カリフラワー、キャベツ、ミニホウレンソウ、ミント、パセリ、タイム。いつもより多くのタネが売れています」

他の園芸用品店、バロッサ育苗園のエリカ・バーチ氏も同じことを口にする。

「途方もない目まぐるしさです。野菜のタネと苗が一番売れています」

バーチ氏は、関心の高まりの一部には、コロナで隔離を求められ、何をしたらいいのかを皆が模索しているからだとみる。

「二週間もずっと家に籠っていれば、本当に何かをしたくなります[1]」

ニューサウスウェールズ州の人口七万七〇〇〇人の都市、メイトランド市のジャッキー・パースル氏は、裏庭での野菜づくりは教育上も大切だと語る。

「子どもたちが外で遊んでいる光景は最近あまりみかけません。なので、夕食用の野菜の収穫の仕方を教えています。スーパーでなく裏庭からも食べ物が来ることを知る。それが、何より子どもには大切なんです。

野菜づくりをしてみれば、それがとても簡単なことを誰でも学びます。皆が自分の裏庭で食べ物を作ることを考えてみてください。スーパーに行く回数も、世界中で動く食料も減り、食料の保障はずっと安心できるものになります」

ここまでは、これまでと同じだ。けれども、次に続く発言が興味深い。

「菜園からタネを採種して、地元コミュニティに寄付して戻す。大きな種子バンクからのタネを買うのではなく、私たちの地元、メイトランドのために作物を育てる。それは、メルボルンはもちろん、海外の別の国にとってもよいことでしょう[2]」

メイトランド市では、コロナ禍の最中の二〇二〇年四月に「タネの図書館」をオープンさせた[2]。市民ならば誰でも図書館からタネを借り、それを播種して収穫できる[3]。市民が「借りたタネ」がちゃんと育ち、収穫できるように図書館のスタッフもサポートする[4]。こうすれば、「返却」されるタネも増え、図書館の「蔵種」も増えるからさらに多くの市民に貸し出せる[3,4]。
実は、パースル氏も、種苗店から買おうとしたがタネが得られず、「タネの図書館」に登録した最初の一人だ[2]。

「これは、地元の専門家、資源、そして、住民とをつなげる刺激的な新たな取り組みです[4,5]。コロナによる隔離をやり過ごすうえで、ガーデニングにはメンタルでの健康効果がありますが、地元のタネの保存にも寄与します」

図書館のケリル・コラード氏は言う[3,4,5]。図書館には、ガーデニングや果物や野菜の料理法、保存食品の本もあるから、こうした情報もあわせて活用でき好都合だ[4,5]。

タネを守るため小規模家族農業を応援するスローフード協会

「タネの図書館」は、市民団体、スローフード・ハンター・ヴァレーのプロジェクトの一部だ[3]。スローフードとは、地元の食やその文化を重視し、味への権利を求めて、一九八六年にイタリアから始まった世界的な運動で、ハンター・ヴァレーは、オーストラリアにあるそのボランティア組織だ。美味しく安全で公正な食べ物を誰もが手に入れられる社会の実現を目指して、地元農業者とプロの料理人とをつなげたり、子どもたちのために食育を行い学校菜園を運営したり、失われてしまうタネを守ったり、菜園を設けることでアフリカを支援したりと多彩な活動を展開している[6]。

「季節の終わりにタネを採種して交換会で贈与しあうことでサイクルが一巡します。それは、食文化を保存し、旬を楽しみ、生物多様性を維持してスローフードを補強します」

アン・ケリー代表が言うように[3,4]、心の健康に加えて、旬も味わえ、地元の食文化も守れる[4]。

グローバリゼーションは食の多様性や品質を低下させる。ハンター・ヴァレーも当然のことながら反対だ。けれども、この団体がユニークなのは、地元の食材を守るための活動の重点を食卓よりも農産物そのもの、つまり、地元で持続可能な農業を営む小規模家族農家の応援にシフトさせたことだろう。様々なイベントやキャンペーンを通して消費者をどうやって生産者とつなげるかに腐心しているし[6]、野菜づくりの技が消え去ることも懸念し、なんとか復活させようと願ってきた[2]。

地元の小規模家族農家と消費者とをつなぐプロジェクト「スローフード・アースマーケット・メイトランド」のリーダー[6]、スリランカ出身のシェフ、アモレレ・デンプスター氏は[7]、「裏庭で食べ物を栽培する家族の知識がこの二、三世代で失われたと思います。どうやってタネを採り、どうやって育て、それがどのように見事に食べ物へと変わるのか。皆、その知識に飢えています[2]。これは、地元農産物を新鮮な食べ物の旅へと誘うもうひとつのステップなんです」と語る[3]。

デンプスター氏は、恵まれない人たちのために食事を提供するカフェを経営し、週末にはボランティアのスタッフと一緒に恵まれない人たちのために食事を作っては、地区に提供してきた。こうしたこともあって、二〇一八年には「メイトランド市民」と「市の女性賞」にも選ばれ市長から表彰もされた。

とはいえ、なんといっても、市の「食の顔役」として、彼女を有名にしたのは、二〇一六年三月に地元農業者を支援するために「農産市」を呼びかけたことだろう。イースト・メイトランドにある農場ではカボチャが生産されていたが値段が安い。遠方のシドニー市場に運んでも輸送費から赤字だ。四〇トンものカボチャは畑で腐る運命にあった(7、8)。

「農産物が廃棄されることはわかっていましたし、カボチャの料理方法も知っていたので、『なんとかしたい』と思ったのです(7)」

市議会にも働きかけ、デンプスター氏は、どうにか即席の市場を立ち上げる。何千人もの買い物客の呼び込みに成功し、わずか半日で二〇トンのカボチャがはけ、残りも市内やシドニー内でのネットワークを活用することで売りさばいた(7、8)。

その後、農産市を実現するための議会への働きかけも実り、最初の市が五月に開かれた。翌年には月二回の恒例イベントとなる。定期市となる以上は、売られる農産物はすべて一〇〇キロメートル圏内で生産される地元産のものにしたい。この段階で、デンプスター氏は、農産市をスローフード運動とつなげた(7、8)。

ともすれば、圃場で廃棄されてしまう農産物。「市」を介して農業者と消費者とをつなげば、小規模家族農家のやる気も高まり、地元で生産される農産物の種類も増え、新鮮な旬の食材への地元需要も満たせる。地元カボチャ農家への支援が、スローフード運動としての小規模家族農家への応援を考えるきっかけとなった[6]。

二〇一七年八月には、全国オーストラリア・スローフード会議がハンター・ヴァレーで開催されたが、これとあわせて、市でもスローフード・アースマーケット・メイトランドが催され、スローフード・インターナショナルからパレルモ大学のフランチェスコ・ソッティーレ教授がイタリアからはるばるやって来た[8]。ハンター・ヴァレーがシード図書館で市と手を組めたのもこうした人的下地があったのである[2、3、4]。

ゲノム編集農産物の汚染から在来品種を守ることが大切

デンプスター氏は、質が高い食べ物がただ泥がついているだけで拒絶されていたことを消費者は知る必要があると語る。同時に「消費者が何を望んでいるのかを学べるので、私は農民も教育しているのだと思います」とも言う[7]。

スローフード運動を通じて、食べ物を大切にする市全体の雰囲気が育まれるメイトランド市。その中心役となったデンプスター氏に、農と食とをつなげる味覚を与えたのは子どものときの記憶だった[7]。それだけに、ゲノム編集食品が規制されることなく許可されるとの情報は衝撃だった

（注2）。スローフード・オーストラリアもゲノム編集食品に対しては厳しい安全評価を求めたが、デンプスター氏も健康への影響を懸念する。

「私たちは、人間や家畜の健康への長期的な影響を本当には知りません。家畜にＧＭＯの餌を与えれば、肉を食べる私たちの人体に入ってきます。消費してもまったく安全だとの情報はありません。なんらかの規制がなければなりませんし、そこには科学的な情報も必要です[9]」

農業者が保存する在来種が栽培され、買い物にやってくるお客さんも本物が選べる。デンプスター氏は、ゲノム編集食品の概念は、スローフードとはまったく別の世界だと言う[9]。定期的な農民市は、農業者と消費者とを直接結び、値段を超えた関係性を築きあげてきたからだ[7]。

「美味しく安全で、公正な食べ物を提供するには、どのような形であれ、食べ物が利潤目的のために大企業によって改編されていないことを確認する必要があります。私たちの仲間には、在来品種を栽培していて、多くの味を取り戻している地元の農民がいます。それをずっと続けて欲しいのです。ですが、農民のタネへの権利がなくなれば、種を育てる機会もなくなります[9]」

ビーツ、ニンジン、カブ、エンドウ、ニンニク[3,4,5]。タネの図書館を立ち上げるにあたって、こうしたタネをまず寄付してくれたのもスローフード運動に参加する農業者たちだった[3]。デンプスター氏はこう続ける。

「コロナウイルスがコミュニティのためにもたらしてくれたことのひとつは、時間を与えてくれたことです。時間は貴重です。時間があればモノを育てて過ごすことができます[2]。現在、自宅にいる人たちが、この延びた時間の一部を食料自給のやり方を学ぶために使ってくれることを願っています。図書館には情報用に使える多くの本もあるのです[3]」

[注1] 南オーストラリア州の州都。人口120万人。

[注2] オーストラリア政府は、CRISPR/Cas9の利用を含めた技術も、従来の遺伝子組み換え（GMO）技術と同じ規制をしてきたが、新規遺伝子を導入しないゲノム編集の利用は規制しないと国の遺伝子技術規制を改定し、2019年10月8日から発効した。

コラム4―2　世界的なタネ不足

コロナ禍の中での世界的な菜園ブーム、雛を育てて卵も自給

並ばなければスーパーに入れない。やっと店内に入れても買い占めから食品棚には何もない[1]。生鮮食料を確保する手段として、そして、食料不安から世界中の人たちが自給自足に関心を抱いて農業を始めている[1,2,3,4]。

オレゴン州立大学ではオンラインでの野菜づくりコースを四月末まで無料にしており、フェイスブックを二万人以上がシェアしている[2]。

ヒューストンでガーデニング・ビジネスを営むニコル・バーク氏も、家庭菜園入門のウェブサイトのヒット件数の急増から「多くの人たちが情報を探しています」と波を感じる。講座の受講者の一人は「菜園は野菜不足を補って暮らしの支えになります」と語る[3]。

学校が閉鎖されたため、各家庭での子どもたちの屋外活動としてもガーデニングは役立つ。イギリスの王立園芸協会のガイ・バーター氏は「ジャガイモの植え付けと子どもとが結びつくとは

意外でした」と語る。ロックダウンの中、庭がない家ではゴミ袋にジャガイモを植え付けているという。[4]

ニュージーランドでは四週間のロックダウンで生活物資の購入や運動以外は外出が禁じられた。世界的にも最も厳しい規制もあって、新たな感染は低下を始めたが、保健省の最高責任者、アシュリー・ブルームフィールド局長は、ガーデニングを通じて運動することを奨励する。[5]

ロシアのダーチャのようにすでに家庭菜園がある国では、それを活用して市民を隔離させているが、食料の輸入依存度が高いシンガポールでは新たに屋上農場が計画されている。[4] プランターでの野菜栽培も無視できない。ベルリンでは、アパートの室内でハーブや野菜を育てるプランタービジネスが新たに立ちあがった。[1]

ニューヨーク市のグラフトンにある『燃えよ魂農場』は人種差別や不正と戦うコミュニティ農場だ。各地区での菜園づくりを支援し、毎年平均一〇の菜園を導入してきた。[3,5] 同農場の共同代表、レア・ペニーマン氏は、「自らを解き放つためには自給しなければならない」と語る。一九六〇年代の黒人人権市民活動家、ファニー・ルー・ヘイマーに由来する教えだが、ヘイマーは農業に着目して農地を購入。「自由農場協同組合」を立ち上げた。同農場のオンラインでの栽培講座も、[2] 関心の高まりから会員が急増している。[3]

「ガーデニングへの関心は、この真実への内臓の直感からだと思うのです。[2] 先行きが見えない中、人々は自ら食料安全保障を確保しようとしています。[3] 自らの食料管理なくして、自由と自治と尊厳、そして、コミュニティの力を手にすることはできません[2]」

多くの人たちが家庭菜園を始める中、「集合知」を高める動きもでてきた。フィラデルフィアの実験農場ネットワークのネーサン・クラインマン共同代表によれば、二〇〇〇人もの人々が加入して、ガーデニングを論じあう呼びかけに参加している。

イリノイ州のクレタ近くに暮らす教師、メラニー・ピットマン氏も菜園を二倍以上に広げ、多種多様な野菜を植え、キノコも育てている。誰もがトイレットペーパーを買い込む中、地元のホームセンターに駆けつけてガーデニング用品と種子を買い込んだ。

ピットマン氏は、地元コミュニティで他の人たちと協働している。

「オーバーラップを互いに避けるよう試みています。『私がトマトを栽培するから、あなたはニンジンを栽培して』と言うわけです[4]」

米国では、スーパーの棚から卵も消えたが、これに対する市民たちの取り組みも自給だ。ヴァージニア州に住むジャスミン・ピープルス氏は、店で卵が買えないため、三月のはじめに六羽を飼うことにした[3]。環境NPOグリーン・アメリカのトッド・ラーシェン共同代表は「自分で卵を手に入れようと人々は鶏に着目しています」と語る。とはいえ、規制が緩い郊外とは違って、市街地では裏庭での鶏飼育を禁じている自治体もある。

「ですから、お住まいの地区で規制されていればその基準を再検討するよう、市議会や町議会議員にコンタクトされるといいでしょう」と氏は付け加える[3]。

タネ不足のため店で買ったカボチャからタネを取り出し

ガーデニングは、深刻なパンデミックの中から現れた稀なポジティブなトレンドなのだが、問題がある。[4] 世界中で野菜や果物のタネや苗の販売が激増。[1,4] 園芸機材の棚が空となって売り切れることに加えて、卵確保のためのヒヨコすら品薄なのだ。注文は二〜六倍にも増えたが、生き物だけにすぐに供給量は増やせない。ニューヨークのリバティにある農場資材供給店「アグウェイ」では、雛も売っているが、デビ・ミリング店長は「すでに売り切れで追加注文があっても、どの店舗も養鶏場が需要に追いつかず、なかなか確保できない」と語る。[3]

米国のペンシルバニア州にある種苗会社「アトリー・バーピー種苗」は、二〇二〇年三月、一四四年前の創業以来の販売を記録した。[4] 不況期には種苗への需要は高まりがちで、[2,4] ジョージ・ボール社長は二〇〇〇年のITバブル崩壊や幼少期の頃の一九七〇年代の二度のオイルショックのときでも、「これほど注文が殺到することはなかった」と語る。[5]

トランプ大統領が新型コロナウイルスへの「国家非常事態宣言」をしたのは同年三月一三日だが、メイン州にある「ジョニー・セレクティドシーズ」の注文も翌週には二・七倍となった。カナダにある「ストークス・シーズ社」も米国に出荷しているが、三月二一日の週末にはオンラインで一〇〇〇件もの注文があり「普通の四倍だ」とウェイン・ゲイル社長は言う。「もちろん、応じられませんが、スタッフが足りず注文すら入力しきれません」。同社はオンラインでの注文を一時的に中断し、食料安全保障上、野菜農家からの注文を優先させることにした。[4]

米国で在来の野菜や花の種を専門に扱う最大手、ミズーリ州の「ベーカー・クリーク・ヘアルーム種苗」のジェリィ・ジェッテル社長が経験しているのも、かってない事態だ。買い手がウェブサイトに殺到したため、ストックの半分を売り尽くした。氏も二〇〇〇年問題時や二〇〇八年の不況後に似た経験をしたが、これほどではなかったという。

「この二二年で最大です。通常の一〇倍もの一万件もの注文があったんです。圧倒的でした。食用作物だけではありません。花、ハーブ、すべてが信じ難いほどの率で売れているのです[1]」

イギリスでも同じで、種子種苗協同組合のウェブサイトは、日曜日の夕方ごとに二時間だけ、オンライン注文のオープン時間を制限している。組合のデービッド・プライス常務は、注文が以前の六倍以上だと言う。

「まだストックがあるものもありますが、多くがなくなっています」

常務は、現在の種子需要から、今後の供給制限を懸念する[1]。

ニュージーランド最大手の種苗会社「キングズ・シード」も平常時の一〇倍もの注文が殺到し、オンラインでの注文を一時的に停止した。ジェラード・マーティン社長は言う。

「どっさりと買い求めるだけでなく、季節的に不要なものまで買っています」

ニュー・プリマスにある「エグモントシード社」も、ロックダウンの一日目から注文が増え、前例がない種子需要から、注文対応が大幅に遅れている。多くのニュージーランド人たちはパニックから、種子を備蓄しているように思える。種苗会社は、通常どおりすぐに植えるものだけを購入するようガーデナーに勧めている。

オーストラリア最大の園芸クラブも「想定外の需要から売り尽くし注文に応じられない」とウエブサイトですべての新規注文を見合わせた。[5] 園芸ショップ「ニュータウン・ガーデン・マーケット」のブラウン・エルダー氏もこう語る。

「タネと食用苗への関心の高まりから電話が鳴り続けました。新たなガーデナーたちの量は他に類をみません」

普通ならば注文ごとに新たなストックが市場に入荷され、たいがい供給される。

「ですが、今年は、一〇日ほどで種がなくなったのです。さらに注文しようとしましたが、サプライチェーンがもはや対応できないのです……。誰も用意できるとは思っていません。食料安全保障への不安から自給への本物の関心があると思います。コロナの危機から二〇二〇年は人々が再び菜園を大きく見直した年といえるでしょう[5]」

前出のガイ・バーター氏のところには、店舗でタネが買えないため、スーパーで購入したトマトやカボチャからどうタネを取り出して播けばいいのかのアドバイスが求められているという。[4] ニュージーランドでも、オンラインのガーデニング講座では、店で買ったイチゴからタネを取り出して播種したり、ニラネギの根の伸ばし方のコツをわかちあっている。[5]

筆者も会員である「NAGANO農と食の会」の渡辺啓道共同代表はこんな世界の動きを念頭にタネ不足の危機を懸念する。上述した「ジョニー・セレクティドシーズ」とは、GMO種子に対抗し、在来種を優先するタネ会社だが、オランダからタネが入手できなくなったため、日本の花卉農家がオーダーしたのだが、米国とカナダが優先され、二週間で届くものが二カ月もかかったからだ。渡辺啓道代表が不安になって国内の種苗会社に確認したところ、秋までの在庫はあるが、それ以降はわからないと言う。

ＢＢＣ、ガーディアン、ニューヨークタイムズ等、大手メディアのサイトでは「世界恐慌始まって以来のガーデニングブームの復活か」「野菜、花はもちろん、キノコから鶏の雛まで買って自給」「タネの在庫が尽きた。会社創設以来初めて」といった言葉がヒットする。「水に流す文化」と「喉元過ぎれば熱さを忘れる」といった日本とは異なり、たとえコロナ禍が終息してもこの危機が生み出した種子を大切にする意識へのシフトはかなり持続するのではないだろうか。このことをふまえれば、日本の知的財産を守るための「種苗法改定」よりも種子の確保のための政策の方が優先されるべきではないだろうか。

第5章 良い油の選択が地上に平和をもたらす

魚油サプリメントだけで凶悪犯人のキャラが一変

「刑務所が自分の第二の家であるといえるほど投獄されてきました」

ドワイト・デマル氏は、何度、出入所をしたのか自分でも思い出せないほど暴行や人身傷害等を繰り返し、家庭内暴力で夫婦関係も破綻し、誰かを殺すか自殺するかの瀬戸際まで心理的に追い込まれていた。けれども、いまはもの静かで落ちつき、就職もできている。米国国立衛生研究所が実施したある臨床試験に参加したことで「奇跡」が起きた。

二〇〇一年。研究所はワシントン・ポスト紙に募集広告を出した。約八〇人が応募し、半分にはオメガ3脂肪酸、エイコサペンタエン酸（ＥＰＡ）とドコサヘキサエン酸（ＤＨＡ）が三カ月、毎日二グラム提供され、残りの半数には魚の味付けをしたプラセボのコーン油が提供された。それ以前の暴力歴のある三〇人の患者の研究から、オメガ3脂肪酸のサプリメントによって、敵意等の怒りの測定値が三分の一は引き下げられることがわかっていた。

当然のことながら、検査会場にやってきたデマル氏の身振りの奥底には強烈な攻撃性が秘められていた。けれども、ひとたび魚油錠剤を服用するとなぜか怒りの衝動が抑えられるのだった。「どうも自分らしくない」。そう氏は言い続けたが、一年後もトラブルを一切起こしていない。

過去に長い暴力体験があるそれ以外の被験者も、初めて怒りの感情を抑制でき人生を変えたことがわかった。例えば、「J」は、毎日ラム酒を飲み、他人を殴りつけることから手には二八も傷跡があった。いま、「J」は落ちついている。「W」も暴行の有罪判決を受けていたが、魚油で劇的に改善し、五歳のとき以来、初めて、なんとか他人を叩くことなく三カ月をすごせたと医者に話す。[1]

この無作為二重盲検試験を実施した国立衛生研究所の生化学者・精神科医、ジョセフ・ヒベン博士からすれば、[1,2]その結果は、奇跡でもなんでもなく、脳の生化学や細胞膜の生物物理学から十分に予想できることだった。[1]

コラム3－4ではミネラル不足が問題だと述べたが、こうした栄養分は、全粒穀物、卵、魚やシーフード、緑葉野菜、果物、ナッツやマメ類に含まれている。現在の西洋化された食事にもまったく含まれていないわけではない。にもかかわらず、鬱病、気分の爆発、衝動等の感情の乱れや暴力、虐め、捏造、法律違反等の反社会的行動が目立つのはなぜなのか。[3]ヒベン博士はオメガ3脂肪酸が怪しいとにらむ。[4]ビタミンCが欠乏すれば壊血病が起きるように、脳が代謝で必要としている脂肪が欠乏すれば、鬱病から攻撃性まで多くのメンタル障害も生じる。現代の工業化された食によってまさに脳の構造や機能が変わってしまったことで人々を苦しめていると考える。[1] もちろん、博士の仮説を専門家全員が支持しているわけではない。けれども、仮説どおりだとすれば、いまの暴力の世界的な流行は食が関連している。そう。ジャンクフードは身体を病気にするだけでなく、精神も蝕んでいるのかもしれない。[5]

魚の消費量と鬱病・犯罪率が相関する

食事内容の変化が反社会的行動の原因だとは信じられないかもしれないが、[3] 人口学的な研究からも、オメガ3脂肪酸の消費量と鬱病との間に相関関係があることが示されている。[4] ヒベン博士は、二〇年以上も、オメガ3脂肪酸と鬱病、暴力、自殺、そして、脳の発達障害との関係を研究し続け、[5] 一〇〇以上もの論文を書き、[5] その欠乏がもたらす影響を暗示する研究をリードしてきた。[2]

博士が、脂肪酸についての最初の閃きを得たのは、一九八五年。イリノイ大学シカゴ校の医学部の解剖学の授業で、初めて脳を手にして、ほとんどが脂肪からできていることを知ったときだった。誰もが減らしたいと思っている脂肪からできている。博士は意外な事実に興味をそそられた。

次は、メリーランド州にある国立衛生研究所で、有名な神経生物学者ノーマン・セイラムJr. と出会ったときだった。

オメガ3脂肪酸、ＤＨＡは、脳にも魚にも含まれるが、小さな魚はオメガ3脂肪酸が豊富な藻を食べ、小さな魚をさらに大きな魚が食べることでそれを体内に獲得している。「DHAは人体外から摂取するしかない」。この言葉に特に博士は刺激を受けたという。

こうした縁もあり、博士は、UCLA医療センターを経て、一九九二年にセイラム博士のチームに加わる。(5)

セイラム博士とともにヒベン博士が、オメガ3脂肪酸の欠乏によって精神病が生じるとの草分け的な論文を発表したのは一九九五年のことだった。一九九八年には、血中のDHA濃度が高ければ、脳脊髄液中のセロトニン濃度が高くなることを示す。セロトニンは、幸せの感情につながるとされる神経伝達物質だ。その後、一一カ国において鬱病率が魚の消費量と逆相関することも明らかにする。(5)

二〇〇一年には、オメガ3脂肪酸の摂取量が高いほど殺人事件の発生率が低いことを示す研究を公表する。(5) 殺人事件の発生率はその国の国民の行動が反社会的かどうかを判断する尺度となるのだが、シーフードや野菜を多く食する日本とアイスランドでは、殺人件数が最も低いことがわかった（注1）。

なぜなのか。博士は、食事の中でのオメガ3脂肪酸とオメガ6脂肪酸とのバランスに着目し、先進諸国三八カ国における一九六〇年代からのオメガ6脂肪酸の消費量の伸びと殺人率と鬱病率の推移をマップ化してみた。その結果、見出されたのは、オメガ3脂肪酸の消費量が多い先進諸国ほど殺人率も鬱病率も低く、逆にオメガ6脂肪酸を含む植物油が大量に使用・消費される先進国ほど犯罪や鬱病の発生率が高いことだった。(1、3) リノール酸を豊富に含む大豆油の消費が増えた米国、イギリス、オーストラリア、カナダ、アルゼンチンでは殺人が増えているのに[6]、魚を食べる習慣のある日本での殺人事件の発生率は低いし、鬱病率も低い[1,6]。当時の日本人が摂取する脂肪の八〇％はオメガ3脂肪酸に由来しており、オメガ6脂肪酸が二〇％しかないのとは逆に、米国人では口にする脂肪の八〇％がオメガ6脂肪酸で、EPAは二〇％だけだった[6]。それでは、脳組織の構造、とりわけ、神経細胞膜はどうなっているのか。博士はその構成を比較してみた。案の定、オメガ3脂肪酸を豊富に含む魚を食べる日本人に対して、米国人の神経細胞膜は、オメガ6脂肪酸の含有量が多かった[1,3]。

もちろん、博士の研究が示すのは、オメガ6脂肪酸の摂取量と暴力との間に著しい相関関係があることだけだ。なぜ、摂取量が多いと暴力が増えるのかの仕組みまで明らかにしているわけではない。そこで、二〇世紀に暴力が増えた理由として、米国では、銃やアルコール、都市化の進行、砂糖の大量消費等、様々な要因が理由としてあげられてきた。けれども、博士によれば、いずれも国全域における殺人の増加を説明できないという[1]。

魚の油、オメガ3脂肪酸が炎症を防ぎ心も癒す

ハーバード大学の精神科医、アンドリュー・ストール博士は、一九九九年に双極性障害（躁鬱病）の患者に対して、オメガ3脂肪酸を大量投与すると、プラーセボの対象群よりもかなり改善し、かつ、症状が逆戻りしないことを見出した。博士以外の研究者も、鬱病、統合失調症、境界性人格障害、注意欠陥・多動性障害に対するオメガ3脂肪酸の治療効果を研究している[4]。一～四グラムのオメガ3脂肪酸を服用する

と、鬱病、統合失調症、双極性障害の徴候が軽減され、かつ、既存薬品の効き具合が改善されることが臨床試験からも見出されている[2,4]。

「いずれのケースでも、データは圧倒的にポジティブです」と、ストール博士は言う[4]。逆にオメガ3脂肪酸が不足していると、鬱病、不安、アルツハイマー、双極性障害を増やすことも明らかになっている[4,6]。

ヒベン博士の臨床試験から、二〇〇六年には米国精神医学会も、重い鬱病患者に対しては、普通の薬物治療に加えて、オメガ3脂肪酸のサンプリメントを推奨することを決めた。米国以外の三〇以上もの国際的な科学組織や機関もオメガ3脂肪酸の摂取を勧めている[5]。けれども、どうして、たかが油にこれほどの効果があるのだろうか。

実は食の工業化が脳に影響を及ぼしそうなことは、脂肪の専門家、ロンドン・メトロポリタン大学のマイケル・クロフォード教授が一九七〇年代にいち早く予測していた。脳を構成する脂肪がDHAだからだ。この予見は、その後、イギリスでの精神衛生上の統計数値からも裏づけられる[1]。さらに、イギリスではバーナード・ゲシュ博士が受刑者にミネラル、ビタミン、オメガ3脂肪酸のサプリメントを提供することで、三七%も暴力犯罪を減らせる実験を行っている[4,6]。こうした研究から、オックスフォード大学生理学部のジョン・スタイン教授はヒベン博士とともに「オメガ3脂肪酸には攻撃性と関係するメカニズムがあるのではないか」と研究を進めている[1]。

まず、脳は脂肪から構成される臓器で、その乾燥重量のほぼ六〇％は脂肪酸だ。[1,3,5] そのほとんどは二種類の必須脂肪酸、オメガ3脂肪酸とオメガ6脂肪酸からなっている。[3] 脂肪酸の頭に「必須」との形容詞がついていることから想像できるように、飽和脂肪酸や一価不飽和脂肪酸であるオメガ9脂肪酸は体内で合成ができても、多価不飽和脂肪であるオメガ3脂肪酸もオメガ6脂肪酸も体内では合成できず、食事から摂取するしかない。[1,2] おまけに、こうした必須脂肪酸は脳のみならず、神経細胞膜でも欠かせず、その二〇％を占める。神経細胞同士をつなぐシナプスとなるとさらに多い。その約六〇％は、オメガ3脂肪酸のひとつであるＤＨＡからできている。[1] それ以外の二種類のオメガ3脂肪酸、ＥＰＡとα－リノレン酸も脳の機能上で欠かせない。[3]

さて、オメガ6脂肪酸も「必須脂肪酸」であることから、細胞膜を維持して、血圧や免疫機能を調整するうえで重要だ。とはいえ、やみくもに大量摂取すればよいわけではない。[7,8] オメガ6脂肪酸のうち、リノール酸は消化分解されるとアラキドン酸に変換される。アラキドン酸は、体内ではシクロオキシゲナーゼやリポキシゲナーゼという酵素によって代謝され、プロスタグランジンやロイコトリエンといった活性物質に変換され、炎症の制御に関わる。[11] つまり、細胞膜の強化や免疫力の増強に寄与するのだが、多すぎると炎症反応を促進させる。[12] アラキドン酸が細胞表面で使われるとその細胞は、細胞膜からアラキドン酸を放出していく。[3,6,9,10] 過ぎたるは及ばざるがごとし。炎症誘発効果があるわけで、[3,4,6] 鬱病や認知症はむろんのこと、心筋梗塞、脳梗塞、アトピー性皮膚炎、アレルギー、気管支炎、喘息、皮膚病、糖尿病、動脈硬化、がんまでもと、多くの病気がオメガ6脂肪酸の過剰摂取による慢性炎症が原因であることが次第に明らかにさ

れつつある。[7,13]

脂肪のバランスが崩れて乱される神経細胞の意思疎通

これに対して、同じ多価不飽和脂肪であるオメガ3脂肪酸は、体内で使える形に変換されるにあたってオメガ6脂肪酸と同じ酵素を使うことから、[5] まさに化学的に同じ代謝経路を争いあう。[1,2,3,5] オメガ3脂肪酸は、いわば椅子取りゲームをすることで細胞表面のアラキドン酸を減らす。[9] 両脂肪酸の摂取量の研究からは、「1：2」〜「1：3」では関節リウマチの炎症が抑制され、直腸がんの増殖も防がれるという。[7] オメガ6脂肪酸を減らし、オメガ3脂肪酸を増やした地中海式食事での臨床試験でも、心臓や血管の病気の発症率と死亡率が七〇％も減った。[15] というわけで、結論からいうと、オメガ3とオメガ6脂肪酸の比率は「1：1」〜「1：2」が望ましい。[6,9,14]

こうしたことから、ストール博士は、デパコート（注2）やリチウムのような気分安定薬と類似した作用によってオメガ3脂肪酸が脳に影響を及ぼしているのだと考える。というのも、精神疾患がある人では、脳内で炎症が見られ、[4] 炎症があれば、神経伝達物質であるドーパミンやセロトニンのバランスも崩れるからだ。デパコートやリチウムはこの細胞間の過剰な神経のシグナリングを抑制する。オメガ3脂肪酸もまさに同じ作用をしているというわけだ。[3]

これに対して、オメガ3脂肪酸に効果があるのは、細胞膜の流動性が維持されて、神経レセプターへの入力信号がより反応しやすくなるためだと考える研究者もいる。[3] 前述したスタイン教授やヒベン博士がそうだ。オメガ3脂肪酸、DHAは、とても長く、かつ、柔軟性がある。だから、神経細胞膜に取り込まれれば、膜そのものが弾力性と流動性を備える。神経細胞をつなぐシナプスもそうで、弾力性のある神経細胞膜のレセプターにセロトニンやドーパミン等の神経伝達物質が入れば、シグナルは効率的に伝達していく。[1]逆にオメガ6脂肪酸が多い食事をしていると、脳はやむなく必要とするDHAの代わりとしてオメガ6脂肪酸、ドコサペンタエン酸（DPA）を細胞膜に取り込む。けれども、これが組み込まれた細胞膜は硬くなるため、神経伝達物質もレセプターに適切に入り込めず、神経細胞間の意志疎通もうまく図れない。これとは別に水素添加処理によって生産されるトランス脂肪酸が原因だとする専門家もいる。[1]オメガ3脂肪酸の代わりにトランス脂肪酸が細胞膜の構成材料として使われる結果、脳の細胞膜が不安定化し、伝達機能が衰えるためだとする説もある。[16]

何はともあれ、神経伝達物質がうまく機能しなければ何が生じるのかは多くの研究から判明している。[1]例えば、セロトニンが不足して、過剰なドーパミン反応が起これば、激しい感情やその衝動を制御できなくなる。それが、自殺、鬱病、暴力等の反社会的行動につながることは明らかだ。[1,3]

工業型のサラダ油と工場型畜産が歪めた必須脂肪酸のバランス

人類ははるか以前からオメガ3脂肪酸を豊富に含む魚介類や野生動物を食する環境の中で進化してきた。[4,6]農業が始まってからも、オメガ6脂肪酸を多く含む植物油が口にされることはなく、[6]家庭料理で口にされるのは[5]、オメガ3脂肪酸を豊富に含む魚介類か草を食んで育つ家畜であって、オメガ3とオメガ6脂肪酸のバランスは健全だった[6]。

けれども、ずっとほぼ同量の脂肪酸を摂取し続けてきた人類が、いまでは、過去の約一〇〜二五倍も多くのオメガ6脂肪酸を摂取しているとヒベン博士は語る[3,5]。確かに、二〇世紀に、ほとんどの西洋諸国においては食が劇変した[17]。食事中のオメガ6脂肪酸の割合が一%から一〇%に増えたため[2]、両者のバランスが崩れた[2,3]。

壊れた理由は二つある。ひとつは植物油だ。例えば、米国では、一九〇九年に大豆油が総カロリーに占める割合はわずか〇・〇二%だけだった。それが、二〇〇〇年には二〇%と[1,6]、一〇〇〇倍にも増す[6]。一年にたった三〇グラムしか摂取していなかった大豆油を一一・三キログラムも消費するようになったのだ。イギリスも、オメガ6脂肪酸は一九六〇年代初期にエネルギー供給量の一%を占めるだけだった。それが、二〇〇〇年にはほぼ五%となっている[1]。それ以外に口にされる植物油、コーン油、ヒマワリ、綿実、ベニバナと、どれもこれもサラダ油のほとんどはオメガ6脂肪酸からできている[1,2,3,5]。テイクアウトされる揚げ物、ポテトチップス、フライドポテト、ドーナッツ、ビスケット、アイスクリーム、スナック、マーガリン。あらゆるものにオメガ6脂肪酸は含まれる[1,6]。

工場型畜産もバランスの崩れの原因だ。牛はもともと草を食べるように進化してきた動物だ[18]。その仕組みがまだ解明されてはいないとはいえ、その動物が本来食べていたものを餌とすれば、体内のオメガ3とオメガ6脂肪酸は自ずから理想的な割合に保たれるという。確かに牧草で飼育した牛の比率は「1：2」

となっている[8]。

けれども、現在の工場型畜産業では、トウモロコシや大豆が飼料として給餌されているため[2,5,18]、その比率は「1：8」〜「1：10」になってしまっている[8]。牧草で育った牛の肉や放し飼いの鶏の卵では問題がないのに、草以外の飼料で飼育された赤身肉を食べると心臓病等、様々な健康問題が起きるのはそのためだ[18]。加えて、ほとんどすべての西洋社会で飲用されるアルコール飲料も脳内のオメガ3脂肪酸を減らす[1,3]。このため、米国での比率は「1：17」となっている[11]。

前述したとおり、オメガ3脂肪酸とオメガ6脂肪酸との比率が「1：5」を超えれば、肉体的・精神的な問題が生じる[3]。残念なことに、米国人の九〇・五％はオメガ3脂肪酸が欠乏しているという。それが炎症を引き起こし、あらゆる病気の一因となり、肥満をもたらす[6]。

そこで、ストール博士は、オメガ6脂肪酸を含む加工処理された植物油が増えたことが、この一〇〇年で鬱病発生率が増えている理由だと考える[4]。

ヒベン博士も、「現代文明の多くの病気は、食事中の脂肪酸のこの劇的なシフトと関連すると確信している。工業化された農業生産によってオメガ3脂肪酸の脳内濃度が減少したことをサピエンス史上、最大の食事の変化」と呼ぶ[2]。「攻撃性、鬱病、心血管死因の社会負担に関与する非常に大がかりで制御不能な実験となっている」と憂える[1,3]。犯罪的な行動が経済的に貧困な人々の中で多いのは、冒頭でふれたデマル氏のように、ミネラルだけでなく、オメガ3脂肪酸の不足が原因かもしれない[1]。

けれども、逆に言えば何が必要で何が健全な「脂肪」かが明らかになってきたとも言える。「脂肪を食べれば肥満になる」との学説はコラム5－1でふれるように時代遅れのパラダイムとなった。となれば、いまの鬱病も一〇〇年前の食事に戻ることで逆転できるのではないかと博士は考える。そしてオメガ3脂肪酸の成分構成を改善できる鶏の餌の開発に取り組んでいる。

今から一五年前までは、米国民のわずか三％しか「オメガ3」という言葉を知らなかったという。けれども、いまでは九五％がそれを知っている、とヒベン博士は言う。もちろん、全員がオメガ6脂肪酸との正確な違いまでを詳しくわかっているわけではない。それを明らかにすることが自分の使命だと考えている。

博士はオメガ6脂肪酸の試食実験をした際のマウスの脳のコンピュータ画像、そして、魚介類をほとんど食べない人とよく食べる人との鬱病率のチャート図を見せながらこう語る。

「いまから二〇年前にこの研究を最初に始めたとき、場違いな発想だと言われましたが、いまは逆なのです[5]」

［注1］博士が用いた日本人の殺人率と魚貝類消費の関連グラフは、Seafood consumption and homicide mortality. A cross-national ecological analysis
https://www.researchgate.net/publication/11429790_Seafood_consumption_and_homicide_mortality_A_cross-national_ecological_analysis を参照のこと。
なお、博士が用いたグラフは過去のものである。日本人1人当たりの植物油の消費量は調査が始まった1960年からこの50年で約4倍に増えている。[13]その一方で、魚の消費量は年々減少し続け、肉と魚の1人当たりの消費量は2011年を境に入れ替わっている。事実、麻布大学の守口徹教授によれば、現在、日本人の

オメガ3とオメガ6のバランスは1：10にもなっている。(8)

[注2] デパコート（Depakote）。バルプロ酸ナトリウム（Sodium valproate＝ＶＰＡ）の商品名。１８８２年に米国で合成され、長らく、有機化合物の代謝不活性溶剤として研究室内で使われてきたが、１９６２年にフランスで、偶然に抗痙攣作用が発見され、１９６７年にフランスで抗癲癇薬として承認された。１９９５年には双極性障害の躁状態に対する気分安定薬としてアメリカ食品医薬品局（ＦＤＡ）が認可し、現在ではリチウムと並んで第一選択薬として広く用いられている。日本では販売名デパケン及びデパケンR。

コラム5―1　からだに良い脂肪と悪い脂肪

なぜ脂は固体で油は液体なのか

皮下脂肪が多い。中性脂肪が減ったといわれるように、「脂質」は肥満の原因として減らすべき「悪者」と敵視されがちだが、生存に欠かせない大切な物質だ。水に溶けずに有機溶媒に溶ける有機化合物の総称として、その数は一〇万種類以上もある。体内では、中性脂肪、コレステロール、脂肪酸、リン脂質等、様々な形で存在し、生体膜の成分や生理活性物質として重要な役割を担っている。常に飢餓に直面してきた生物が、生きのびるために進化の中で生み出したエネルギー貯蔵システムも脂肪だ[1]。三つの脂肪酸が結合した塊、中性脂肪（トリリサルグリセロール）は、平時は脂肪細胞内にストックされているが、エネルギーが必要になれば、酵素、リポタンパクリパーゼ（ＬＰＬ）によって脂肪酸へと分解され、直ちにブドウ糖の四倍ものエネルギーを放出できる[2]。

この中性脂肪を構成する脂肪酸は、炭素、水素、酸素が鎖状に並び、メチル基の先端に酸性の

「カルボキシル基」が付いた構造をなす。[1,3,4] 分子の長さが六以下の短いものを短鎖脂肪酸、六～一二を中鎖脂肪酸、一二以上を長鎖脂肪酸と呼ぶ。[1,3,5]

固体か液体かで区別する分類もある。常温で固体ならば「脂」、液体ならば「油」だ。[3]「脂」と「油」の違いを理解するには、乗客全員がきちんと足をそろえて立っている電車と、足を広げて立っている電車をイメージするとわかりやすい。ギュウギュウ詰めの満員電車が「脂」で隙間があるのが「油」だ。[6] この差は炭素の化学結合による。炭素は一本の手で結合しているものと二本の手で結合しているものがある。後者を二重結合と呼ぶ。[1] 二重結合がなければ、水素も欠けず、飽和しているので飽和脂肪酸と呼ぶ。[4] 肉類や乳製品の脂肪に多く含まれるが、[7] 分子がまっすぐなことから密に整列しやすく常温では固体となる。[1,3,4,7] 体内でも固まりやすく、増えすぎると動脈硬化の原因にもなる。[7] 一方で二重結合している炭素がある「不飽和脂肪酸」では、[4,6] 結合部分が「くの字」で約一二〇度に折れ曲がる。[3,4,6] これを「シス型」と呼ぶ。[6] 分子同士が整列しにくいから常温では液体となる。[3,4] 冷温に棲む魚や水棲哺乳類の不飽和脂肪酸、ＥＰＡやＤＨＡは液体だがこれにあたる。[4]

この二重結合が末端から数えて何番目の炭素に存在するかの分類もある。三番目に存在するのがオメガ３脂肪酸、六番目に存在するのがオメガ６脂肪酸、九番目に存在するのがオメガ９脂肪酸だ。[3,4,6,8]

酸化しやすい不飽和脂肪酸の問題を解決したトランス脂肪酸

二重結合というと強靭で頑丈そうな印象を受ける。けれども、水素を欠いて無理な角度で結合しているだけにとても不安定だ。酸素があればすぐに結びつく。二重結合がひとつあるものを一価不飽和脂肪酸、二つ以上あるものを多価不飽和脂肪酸と呼ぶのだが、二重結合が多ければ多いほど酸化しやすい[3,6]。動物脂肪やココナッツオイルに多い飽和脂肪酸は、二重結合がないから酸化しにくいし[3,5]、オリーブオイルのオレイン酸も一価不飽和脂肪酸だからやや酸化しにくいが[3]、ほとんどの植物油は多価不飽和脂肪酸だ。二重結合が二つあるリノール酸は不安定だし、三つもあるα－リノレン酸はもっと不安定だ。放置しておくだけで、酸化・分解して腐敗臭を放つ[6]。加熱調理すれば熱によってフリーラジカルも生じるから[5]、エゴマ油や亜麻仁油等のオメガ3脂肪酸は加熱料理に向かない[3]。

傷みやすく消費期限も短いという植物油の問題点。これを解決するために作られたのがトランス脂肪酸だ。一九〇二年、ドイツの化学者、ウィルヘルム・ノルマンは植物油に水素を添加すれば飽和脂肪酸になることを発見する[9]。液体は固体となってバターに似た性質を持つし、適度に不飽和脂肪酸を残せば固形でありながらも練ればカンタンにつぶれる構造もできる。そう。マーガリンだ[6]。一九一一年、プロクター&ギャンブル社は、水素添加によってラードの代用品となるショートニングを開発する[10]。常温でも傷みにくく、何よりも、安い。家畜飼料にならない大豆を原料にいくらでも安上がりで作れる[11]。余剰農産物を商品加工するには好都合な発明だった[10]。

マーガリンは動物性の脂質のバターよりも植物由来だから健康的だとのイメージで、一九六〇～七〇年代に普及した。[7,11] ショートニングも食感や風味をあげるために、食パン、菓子パン、ケーキ、ビスケット、シュークリーム等に幅広く使われている。[11,12]

飽和脂肪酸、トランス脂肪酸が油悪玉説の原因だった

脂肪やコレステロールは身体に有害で、低脂質食が心疾患に有効だとする学説も、消費者がバターや卵等の高コレステロール食品を避け、マーガリンが普及するうえで一役買った。[10] ミネソタ大学のアンセル・キーズ教授の学説は、一九五〇年代に日本を含めた七カ国の食事を調査したことが根拠となっている。脂質が総カロリーの一〇％の日本人で冠動脈性疾患の死亡率が一〇〇〇人に一人であるのに対して、総カロリーの四〇％を脂質で摂っていた米国人の死亡率は七人もいて、七カ国中最高だったからだ。[10,13] けれども、教授は二二カ国のデータを分析しながら、自分の主張に合致する七カ国だけを取りあげて、この仮説と矛盾する他国のデータは無視したうえに、[10] 質が悪い油脂を摂取したデータだけを用い良質な油脂を摂取したデータは隠して発表しなかった。この意図的なデータ操作に対して、一部の良心的な科学者たちが提出したデータは教授の理論が正しくないことを指摘していたが、食品企業からすれば「脂質が悪い」との学説は有利だった。業界から献金を受けた政治家は正しい仮説の揉み消しに動き、糖尿病患者が増えれば儲かる製薬会社も加わって、脂肪は悪玉という常識が確立されたという。[14]

以来、五〇年も脂肪は悪玉とされ続けた。濡れ衣が晴らされ、教授の仮説が間違っていることが米国国立衛生研究所のバーバラ・ハワード博士らによって証明されたのは、二〇〇六年とつい最近のことでしかない。脂質と肥満とは関係がなく、炭水化物、脂質、タンパク質の中では、最も血糖値もあげない。

けれども、キーズ教授の仮説どおり、脂質を多く摂取する国において心疾患の罹患率が高かったことも事実だ。それが五〇年も悪玉説が支持された理由だ。では油の何が問題だったのか。理由は二つある。本章で詳述したとおり、オメガ6脂肪酸とオメガ3脂肪酸の二つが区別されず一緒くたにされてしまったこと。そして、トランス脂肪酸も飽和脂肪酸であることから、一緒げに研究がなされてきたことだ。トランス脂肪酸を除いて、過去の研究を見直してみたところ、すべての研究から、飽和脂肪酸を多く摂取する人ほど脳卒中にならず、逆に多価不飽和脂肪酸である植物油は身体によくないことが判明した[9]。

転機となったのは、一九九〇年にオランダのマーストリヒト大学のロナルド・メンシク教授がトランス脂肪酸を摂取すると善玉コレステロールが減って悪玉コレステロールが増えることを指摘したことだった[9]。

実際のところ、トランス脂肪酸ほど人体に害が大きい食材はない。摂取カロリーのわずか一％を入れ替えただけでも悪玉コレステロールが激増し、その摂取量が多いほど炎症レベルが高いことも判明している。[15] ハーバード公衆衛生大学院とブリガム・アンド・ウィメンズ病院が八万人以上を対象に一四年も実施した研究結果でも、トランス脂肪酸が最も多いグループは少ないグループに比べて五三％も心臓発作を起こす率が高かった。[5] タフツ大学医学部のモザファリアン教授が行った研究でもトランス脂肪酸の摂取量を二％増やすと心疾患の罹患リスクが二三％も高まることが判明している。[7,13] トランス脂肪酸を規制したニューヨークでは、この一〇年で平均寿命が男性は一三歳、女性は八歳も延びた。[16]

高齢者一〇四人を対象に、磁気共鳴画像診断装置（ＭＲＩ）を用いて、トランス脂肪酸と認知症との関係を調べた研究では、高濃度の人ほど認知機能が低下して脳も萎縮傾向にあることが明らかになっているし、[16] 別の研究からもトランス脂肪酸で鬱病のリスクが高まることも明らかにされている。[10]

ＦＤＡも「安全とは認められない食品」として食品添加物としての使用を禁止したし、[8,11] 年間五〇万人がトランス脂肪酸による心臓と血管の病気で亡くなっていることから、ＷＨＯも二〇〇三年には警告を出し、現在、一日当たりの摂取量を総カロリーの一％未満にするように提言し、[1,8,11] 二〇二三年までに全世界の食べ物から人工のトランス脂肪酸を取り除くことを目標として掲げた。[1] 要するに、油で心筋梗塞等の冠動脈性疾患が増え始めたのは、油といってもトランス脂肪酸のせいだったのである。[8]

トランス脂肪酸では細胞膜の流動性が低下することが問題

では、トランス脂肪酸の何が問題なのだろうか。本章で記述した生体膜の構成成分としての脂肪酸の役割に着目してみよう。[1] 細胞膜は異物の侵入を防ぐ一方、酸素や栄養を摂り込んだり、老廃物を排泄しなければならない。閉じつつ開かれた機能が必要だ。このため、脂質二重層の構造を持つ。生体膜を構成するリン脂質は、親水性のリン酸部分に疎水性の二本の脂肪酸の尾部がくっついた構造を持つ。頭部は親水性で水になじみ、尾部は疎水性で水を嫌い、なおかつ、一般的にはひとつが飽和脂肪酸、他方が不飽和脂肪酸となっている。飽和脂肪酸が直線構造であるのに対して、不飽和脂肪酸は「シス型」の構造をとり、一本の尾部はやや折れ曲がる。このリン脂質が細胞膜に入って膜を形成する。[6] 多価不飽和脂肪酸であるオメガ3脂肪酸が良いとされる理由のひとつもこれだ。構造的に膜の弾力性があがるからだ。[1] 逆にトランス脂肪酸を多く摂れば摂るほど、リン脂質の隙間は狭くなり、満員電車状態となって、細胞膜の流動性が低下する。[6]

ショートニングとマーガリンは三五%がトランス脂肪酸で、一般の液状食用油も一五〜一九%がトランス脂肪酸だが、[5] 内閣府の食品安全委員会が推計した結果、摂取量が平均〇・七グラムとWHOの勧告以下であることから、[7] 表示さえ義務づけられていない。けれども、民間の調査では一%を超えているとの報告もある。[1] 菓子類等を多く食べる女性の二四・四%、男性の五・七%は基準を超えているという。[7]

慶応大学医学部の井上浩義教授は「トランス脂肪酸が血管に取り入れられると、柔軟性が失われる。それによって冠動脈疾患が起こる。国も、そういうデータがあることを知っているし、リスクを高めるということも認めているが、二〇一一年に出されたガイドラインでは、トランス脂肪酸を表示する必要はないということになった。業界の声に押されているとしか思えない」と述べている。[17]

ということで最終章では表示の問題をみていくことにしよう。

第6章 健康になり環境を守るため全食品に栄養表示を義務づけ

食と関連する肥満と病気から全食品に栄養表示を

「欧州市民イニシアチブ」という言葉を耳にされたことがあるだろうか。加盟七カ国から一〇〇万人以上の署名を集めれば、EUの国会にあたる欧州委員会に対して立法化を要請できる制度だ。直接参加民主主義を強めるため、二〇〇九年一二月に発効した「リスボン条約」で導入され、二〇一二年四月からスタートしている。[1] 緑の党や社会民主進歩同盟派の議員や消費者運動は、市民の健康を守るため栄養を重視し、欧州全体で統一された栄養表示制度を設け、全食品製造業者にそれを義務づけることを目指して署名集めをしてきた。[1,2,3] 二〇一九年秋の時点では七万六〇〇〇強が集まっただけで目標に到達する見込みはほとんどなかった。[1] けれども、同年一二月に発足した委員会が新たな食料政策を提起し、「F2F 戦略」で食品表示の枠組みづくりに着手するとしたことから、俄然、現実味を帯びてきた。[1,2,4] 消費者がより持続可能で健康的な食生活を送れるよう、食品不正表示への規制を強化。パッケージの前面に栄養成分を表示させる「容器前面表示システム」の義務づけが望まれている。[4,5,6,7] EUで統一した表示への制度勧告が期待されているのも、WHOを含めて、医療サイドが緊急な改革を要請し、フランスでの研究が、食品情報の表示によって栄養と関連する死因を毎年三%以上も削減できることを示し、表示への機運が高まったことが大きい[8]。「二〇三〇年までにEU全体で過体重や肥満率の上昇を逆転させることが重要だ」[7,9]

委員会がこう指摘する背景には[3]、EU諸国全体で成人の六人に一人、七~八歳の子どもの八人に一人が肥満の影響を受け[9]、食や栄養と関連した疾患や肥満症が増えていることがある[1,3,9]。二〇一八年にロベルト・コッホ研究所が青少年を対象に実施した研究では若者の一五%がすでに太りすぎであることが判明し、フランスの保健当局も、国内の成人の半数以上が太りすぎだと憂える[8]。不健康な食が原因の心血管疾患やがんによって二〇一七年にEU全体では九五万人が命を落とした。一方、コラム1-2でもふれたように、健康的な食事は環境にも優しい。肉を減らし野菜や果物中心の植物ベースの食事にシフトすれば、病気へのリスクだけでなく、環境への負荷も減らせる。食品表示によって市民がより健康になり、より環境に優しい農業も実現できるとなれば[7]、「F2F戦略」が食生活の改善に熱心に力を入れるのもわかる[8]。

NPO、欧州公衆衛生同盟も「より健康的で美味しく、かつ、植物ベースで畜産物が少ない食の促進が必要だ」と述べ、「F2F戦略」に対応して、食と栄養保障がEUの社会政策の主流となる必要があり、畜産物の品質を高めるとともにその消費量を減らす枠組みを提示すべきだと述べる[10](注1)。現実に食されている食事は健康面から推奨される事項と一致せず、小売業者も消費者が健康的な食材を選択できるしくみをきちんと整えていない。この事実を委員会は指摘し、低品質の食ががんを含め非伝染性疾患を増やす一因となっていることを強調する[9]。

よい食材には青信号、赤信号はそれなりに〜フランス発「栄養スコア」

欧州全域で食品表示を統一する法的枠組みはまだない。けれども、加盟国では様々な独自の制度が開発されてすでに普及している。[3,6] 健康特性のある製品を推奨するスウェーデンの「キーホール・シンボル」[3,11]や、栄養価に応じて緑、黄、赤をつけるイギリスの「信号システム」だ。[11] 着目されているのは、フランス公衆衛生局が[7]、イギリスの制度をより精緻化させて[11]、二〇一七年から公式に導入されている「栄養スコア制度」だ。[3,11] 健康的で望ましいAのグリーンから、さほど健康的ではないEのレッドまで五文字のコードともに色分けで飲食品は分類される。[1,3,4,11] 表示はボランタリーだが[3]、ドイツ、オランダ、スイス、スペイン、ベルギー等が同様の表示制度を導入ずみだ。[1,2,3,8,11,12]

「栄養スコア」はなによりわかりやすい。どれが推奨品で、どれを避けるべきかが一目で確認できる。同制度を支持するクロアチアのビルジャナ・ボルザン議員は「急務なのですからシンプルにする必要があります」と語る。ブリュッセルを本拠とする消費者団体、欧州消費者団体のモニカ・ヨエンス代表も、直感的で簡単なことから「グリーンがいいことを消費者全員が知る必要があります」と述べる。[1]

三二カ国の四五の消費者団体から編成されている欧州消費者団体は、こう言って喜んだ。

「糖尿病やがんだけでなく、コロナ等の疾患へのリスクも肥満や過体重と関連しています。砂糖を含むスナックやヨーグルトが健康的だとのでまかせに消費者は惑わされるべきではありません。委員会はやっと『免疫システムの強化』や『繊維が多い』等の主張を表示することにコミットしました[13]」

「栄養スコア」では、食物繊維、果物、野菜、タンパク質にプラスのポイント、飽和脂肪酸、カロリー、砂糖、塩にマイナスポイントが割り当てられる。[8] 制度が採択されれば、食品の原産地表示も必要になり、脂肪や糖分、塩分が多い食品は健康的だとは表示できなくなる。[6,8]

欧州委員会のキリアキデス委員は「店頭で購入する食品の最大限の情報を消費者が望むことも承知しています」と述べ、環境に関する情報を提供する自発的な取り組みがあることも指摘していた。[4] それだけに、五月二〇日の「F2F戦略」の発表で「私どもは容器前面表示システムの義務化を提案していますが、特定のタイプを推奨することはありません。様々な表示の影響評価を開始することになります」と述べて「栄養スコア」が先送りされたことは物議をかもした。

この発言に対して、ヨエンス代表はこう残念がる。

「消費者にとって最もわかりやすい制度が『栄養スコア』であることは多くの研究から証明されています。六カ国では承認済みです。表示は義務化される必要があります。自主規制では、消費者はよいものを選択できません。なぜEU全体での表示を二〇二二年末まで待たなければならないのでしょうか[6]」

放牧された牛か薬漬けの牛の肉かも表示せよ

先送りされた背景には、最善の仕組みとして「栄養スコア」を全員が受け入れていないことがある。[6] そのひとつが畜産だ。緑の党やNGOもF2F戦略での肉消費の大幅削減を訴えている[1,4,5]（注2）。コラム2－1でもふれたように一頭の牛は一二〇キログラムものメタンを生み出す。いまも地球上には約一五億頭もの牛がいるが、年間二〇億トンのCO_2に相当する温室効果ガスが排出されている。飼料作物を生産するのにも大量の農地がいる。広大な農地が造成され、ブラジルからオーストラリアまでたいがい野生生物が豊富な地域がその犠牲となってきた。けれども「栄養スコア」にあるのは、栄養についての情報だけだ。環境についての情報は含まれない。[4,7] おまけに高タンパク質食品は高得点となるため、グリーンディールの意図とは裏腹に畜産物はスコアが高く奨励してしまう。[1,4,7] スローフード協会もこの点を批判する。

「多くの人たちはどのようにその食べ物が生産されたのか、環境へのインパクトがどれだけあるのか知りたがっている。さらに同じ牛でも牧草や干し草だけで育つ放牧牛と牛舎で給餌された牛とは違う。移動スペースがないし、狭い環境で健康を維持するため薬物も投与されている。アニマルウェルフェアと環境への影響は表裏一体なのだが、このすべてを栄養価だけで見ることは無理がある」[12]

飼育方法への消費者の関心の高まりもあって、二〇二〇年一月二七日に開かれた農漁業委員会では、ドイツは、透明性を備えたアニマルウェルフェア表示の創設を求めた。消費者の信頼も高まり、より高水準で飼育する畜産農家にもいい。こうした表示があれば栄養面だけでなく倫理上での選択にも役立つ。提案を、スペイン、デンマーク、イタリア等も支持し、理事会でキリアキデス委員は「提案を検討する。既存のルールや規制を超える提案はF2F戦略の一部になるであろう」と述べた。[4]

「環境にもたらす影響への関心も高まっていることから、別のラベルで対処できるかもしれません」

欧州消費者団体のポーリン・コンスタント氏は言う。EUでは環境に配慮した単一市場への取り組みの一環として、製品環境フットプリントの採択も目指し、いくつかの業界では実際にテストもしている。[4]

緑の党のブノワ・ビトー議員は、畜産農家でもあるが、生産方法と品質は関連することから、栄養スコアだけでも環境基準を示せる可能性があると示唆する。同議員によれば第5章で詳述したオメガ脂肪酸の比率が指標として役立つ。確かに、放牧された牛は健康的で牛肉にもオメガ3脂肪酸が多く含まれるが、飼料作物で工場飼育された牛は、オメガ6脂肪酸が多く、栄養価も低い。「抗酸化物質、微量栄養素、ビタミンを含む食べ物は、集約型農業で生産された食べ物よりも常に健康に良いのです」と緑の党のミシェル・リヴァジ議員も同意する。[1]

もちろん、議論はまだ始まったばかりだ。表示内容に持続可能性やアニマルウェルフェアも盛り込まれるのかどうかは定かではない。[4]

地中海料理の原則から栄養バランスを～イタリア発「栄養バッテリー」

当初、栄養スコアを嫌がっていたスペインも、評価基準が変わり、エクストラバージンオリーブオイルが「オレンジ」ラベルとなったことから、賛成に鞍替えしたのに対して、[6] いまもイタリアは反対の急先鋒だ。パルマハム、パルメザンチーズ、パルミジャーノチーズ、サラミ等の食材。魚中心でオリーブオイルをたっぷり使う伝統料理は、脂肪と塩分が多いから、赤やオレンジの警告ラベルが表示されてしまう。「これは不当な差別だ」[2,3,6,7,8,11]

食品業界を代表する団体、フェデラリメンターレのイヴァノ・ヴァコンディオ会長は「栄養スコアでは、イタリア料理の卓越性が損なわれる可能性がある。食を単純化し、差別化するうえ罰則もある。[3] どの食材も悪者にせず、バランスが取れた食事に基づくライフスタイルや表示制度を促進すべきだ」と呼びかける。[6]

業界、労働組合、政治家からの圧力も受け、二〇二〇年一月には経済開発省、健康省、農業省は、独自の「NutrInform」を代替案として欧州委員会に提案した。[3,4,8,12]
「これは栄養スコアの代替手段ですが、はるかに優れています。[3] ペナルティを課すものではなく、良い悪いで等級付けもしません」とテレサ・ベラノバ農相は声明で述べ、[3,8] 他の加盟国もイタリアの表示制度を採用するよう説得したいと語る。[2] フランスでもパリ市が栄養スコアを支持する一方で、農業者は反対しているし、ドイツの農業者もイタリアを支持している。[11]

脂肪、砂糖、塩分率を表示する点では同じだ。けれども、食品ごとに必要な栄養成分の割合が「バッテリー」のように視覚表示されるところが違う。[3,7,8,11] こちらの方が必要な栄養分がわかりバランスが取れた適切な食事ができる。そのように、支持者は主張する。[4,7,8] 確かに、イタリアの代替案では、食品を単純に善悪に仕分けせず、栄養価を食事全体の中で検討できるように工夫されている。[8] ヴァコンディオ会長も地中海料理の原則に基づく世界最高のアプローチだ、これなら、イタリアの食材の保護につながると支持する。[3,11]
この対立は「イタリアのポピュリスト 対 EU」という図式で描かれることもある。[8] イタリアの野党政党「同盟」の党首マッテオ・サルヴィーニが、栄養スコアをブリュッセルの欧州消費者団体が考案した、イタリア料理の評判を台無しにするための「秘密の計画だ」と槍玉にあげているためだ。[2,8]
けれども、イタリアが反発するそもそもの理由は、栄養スコアが多彩な食材をバランスよく消費するという地中海料理の伝統原則に反するためだ。[3,7] 赤身の肉が少なく、野菜、果物、魚が豊富な地中海料理は、日本食と並んで非常に健康的だとされている。イタリアの肥満率はイギリスに比べて一七％も低いし、多くの研究から、循環器系の健康改善には薬物治療よりも地中海料理の方が効果的なことも示されている。イタリア人が自分たちの料理の防衛に熱くなるのにも根拠がないわけではない[8]。

ローマの食品関係のコンサルタント、ルカ・ブッチーニ氏もイタリア側の批判には理があるともらす。「栄養スコアは、オリーブオイルが必要なことを消費者が知らない事実を無視しています。適量なら消費も許容可能だし、大切な役割を果たしているのに、栄養スコアがあると『悪い』と認識されるため伝統的な食材の売り上げが落ちてしまいます[3]」

けれども、さらに複雑なのはこのイタリアとて一枚岩ではないことだ。消費者団体、アルトコンスモは「NutrInform」は複雑すぎて混乱を招くだけであることから、栄養スコアの方を支持したいと述べる。モノクロで部分ごとに情報が提示されることから比較ができないし、バッテリーを理解したとしてもその表示充電率が低ければたいがい再充電が必要だと勘違いしてしまうからだ[2]。

欧州消費者協会で食品政策を担当するエマ・カルバート氏も「消費者の誤解につながる。誰も充電量が多いほど良いと思いますが、実際には逆なのです」と批判する。

前出のブッチーニ氏もこの指摘には同意する。

「ある栄養素は少ない方が良いのですが、半分しか満たされないバッテリーでは満たす必要があるとみられてしまう。この制度ではイタリアの肥満問題に対処する助けにはなりません[3]」

カルバート氏は、栄養スコアのままでも地中海料理が差別されることはないと続ける。

「地中海料理の主な脂肪源はオリーブオイルです。推奨される食物繊維、タンパク質、ナッツ、果物や野菜からなり、控えめにすべき、カロリー、飽和脂肪酸、糖や塩がもともと少ないのですから、栄養スコアに沿ったものなのです[3]」

ブッチーニ氏は、栄養スコアに全面反対し続ければ、EU内でイタリアがますます孤立すると懸念する。

「これは、栄養スコアを受け入れるとはいえ、変更が必要になると述べているオランダのプラグマティックなアプローチとは対照的です。伝統食品を保護したいイタリアの当初目的は、おそらくバッテリー表示では果たせません[3]」

繊維を添加するだけでランクがあがるスコアなら加工食品メーカーに有利

別の切り口から、ブリュッセルのアムステルダム自由大学で食品科学を研究するフレデリック・レロファ教授は「栄養スコア」では業界の思うつぼだと釘を刺す[3]。

「加工食品の製造メーカーは、たとえ、その食品が砂糖や脂肪からできていても、繊維成分を少し加えるだけで基準をクリアできるから[3,6]、『栄養スコア』は多国籍企業にとってのツールとして機能してしまう[6]。これに対して、スモークサーモン、チーズ、ハム等の生産者はこれをすることができない[3]」

「栄養スコア」の支持者たちが、暗黙裏に期待しているのはオーガニックや自然食品だ。けれども、食品産業グループが狙っているのはそれとは違う。「栄養スコア」制度の創設で新たに作り出される市場から利潤をあげられると見込んでいる。というのは、ベースとなる一、二成分さえ置き換えれば、自社の食品のマークをグリーンにすることは、企業からすればさほど難しくはないからだ[13]。

確かに、食品業界は当初は、「栄養スコア」に猛反発していた。けれども、その後には熱心な支持派に鞍替えした[13]。ネスレ、ケロッグ、ダノン、ペプシコーラ等、多くの小売業者や加工業者が自発的に採択し、統一基準の「栄養スコア」が採択されることを待っている[3,6,11]。

教授は、オリーブオイルやイワシの缶詰、伝統的なチーズ等の「健康食品」がただ脂肪量が多いというだけで不健康食品とされてしまうことからも、今回、EU全体での必須要件とならなかったことを幸いだと見なす[6]。

専門家として、フランスの食品環境労働衛生安全庁で長年、脂肪問題に携わってきたフェリペ・レグラント教授も「栄養スコア」の規準は古いし間違っていると批判する。教授によれば、過剰体重や肥満は食品に含まれる脂肪の量とは無関係だ[14]。

「膨れた腹は確かに脂質から構成されているが、過剰なアルコールや糖質摂取のせいで、脂肪のせいではない。栄養スコアには根拠がない時代遅れのアンチ脂肪の偏見が見られる[14]」

前出のカルバート氏は、栄養スコアでも、「良い脂肪」と「悪い脂肪」とが区別でき、オリーブオイルや魚の缶詰等の「健康食品」が低く評価されることはないと反論する。「オリーブオイルは、バター（E）やパームオイル（E）等の飽和植物性油に比べて、良質な脂肪（C）の供給源とされます[3]」

けれども、レグラント教授からすれば「C」では納得がいかない。

「必須脂肪酸であるオメガ6、オメガ3、飽和脂肪酸は、Aになるはずなのに、『栄養スコア』では、どの油もC～Eに分類され、そのほとんどがDやEだ。『栄養スコア』では、ダイエットソーダでさえ、フルーツジュースやオリーブオイルよりも上位にランクされているのだから、ショックだ[14]」レロファ教授も「科学的な前提が不安定であることに加え、複雑な栄養情報を、いくつかの基準に基づいて、色付きの文字へと還元することは、混乱を引き起こすだけだ」と指摘する[6]。

大切なことはバランスが取れた食事をするための食育

なるほど「栄養スコア」はシンプルだ。シンプルなために読み間違えることはない。けれども、適量で食べるメリットが反映されていない[8]。どれだけ食べるかが考慮されなければ[11]、バランスが取れた食事とはかけ離れていく。最終的にはシンプルさが裏目にでてアキレス腱になりえる[8]。栄養成分、環境負荷、アニマルウェルフェア。記載してきた、あらゆる情報を網羅して織り込めばどうなるか。必然的に表示は長く扱いにくいものになる。これを避ける情報提供手段としてデジタル技術を活用すべきだと、農業者団体Copa-Cogecaのペッカ・ペソネン事務総長は提言する[4]。けれども、スローフード協会は、イタリア内でも「QRコード」を使用している協同組合もあるが、こうしたラベルは不要であって、消費者に対しては「ナラーティブなラベル」の方がよく、そちらの方がますます人気を呼んでいると反論する。

「あるパンがあるとき、糖分、タンパク質、脂肪量をグラフで知らせるよりも、その小麦を育てるのに化学肥料や農薬が使われたかどうか。それがどこから来たのか。どのように小麦粉へと加工されたのか。生地を作るためにどんな酵母が使われたのか。ベーカリーで誰がどう焼いたのかが重要だ[12]」

イタリアのパオロ・デ・カストロ欧州議員は「栄養スコア」では、食材をどう食べるかのあり方も欠けてしまうと指摘する。

「『栄養スコア』では、どのように農産物が消費されるのかが考慮されない。フライドポテトも、原料がジャガイモだからグリーンラベルが付けられる。けれども、揚げ物として食べればジャガイモも身体に悪い[11]」

レグラント教授からすれば、ヒトは雑食性の動物だ[14]。どの食品も多かれ少なかれ、アンバランスなのであって、良い食品も悪い食品もない[13,14]。多様な食べ物を食べることが最も適切なのであって[14]、「栄養についての知識や常識から、適量を選択することでバランスが取れたメニューを作り出すのは消費者次第だ」と述べる[13,14]。

「栄養スコア」は、個々の食品に得点をつけることができても、それだけでは、消費者の栄養状態の改善に役立たない。また、各国の独自の栄養状況をみれば、ヨーロッパ全体を標準化することは不可能だ。レグラント教授が重視するのは、カロリーの過剰摂取と栄養の欠乏だ[13]。そして、専門家がとかく見落としがちなこととして、食べることの喜びと社会的な相互作用をあげる。教授は、これこそが健康の本質的な部分だと強調する。

「だから、食育が大切なのだが、表示は食育で最も大切な部分ではないし、『栄養スコア』も消費者の食育にはあまり効果がない」

教授によれば、最も効果的なやり方は、学校で週に一度の料理教室を開催することで、栄養バランスの大切さを学ぶことだ。それは、デンマーク等、いくつかのEU諸国では何年も前からなされている。[14]

さらに、教授は、経済的な観点からも問題点をあげる。というのは、レッドマークを付けられた商品は消費が減って価格も下がるため、低所得の消費者しか買えなくなるからだ。[14]

欧州消費者団体のヨエンス代表やコンスタント氏も、持続可能な食品が手頃な価格で入手できず、個々の消費者の意志に頼るだけでは人々の食習慣を変えるのに十分ではないと、食問題の社会との関連を述べる。[4,6]

最終的にどのようなラベルがEU全体で推奨されるのかは現時点ではまだわからない。[7,8] とはいえ、食品表示によって大きな変化が生み出されることは明らかだ。環境に食がもたらすインパクトを考慮し、賢明な決定をすることで、自分に対しても地球に対しても変化をもたらすことができる。[7]

現時点では、F2F戦略で消費者が健康に配慮した食品を選択できるように容器前面表示制度を導入することが決まっているだけだ。[7] そして、フランスが後押しする「栄養スコア制度」と、これに反対するイタリアとの間で激しい綱引きが繰り広げられている。[4,7,8] さりとて、フランスであれ、イタリアであれ、どうすれば、より健康的で栄養価が高くバランスが取れた食事を誰もが口にできるのか。そのための、最善のアプローチはどうあるべきかをめぐって、行政当局や栄養専門家は大真面目に論争しあっている。[8] トランス脂肪酸と同じく議論もないままゲノム食品は安全である以上、一切表示をする必要はないとの論説が王道をいく日本国とのへだたりの大きさを感じるのは筆者だけだろうか。

[注1] 欧州公衆衛生同盟は推奨する6大目標を強調する。
2030年までに平均消費で1日1人当たり500グラムの果物と野菜
2025~30年で小児肥満が0%増加
2030年までに成人肥満が20~30%減少
2030年までに栄養価が高い食事を2日ごとに買えない国民を0%
2030年までに出産後の6カ月間での母乳育児の水準を少なくとも50%にひきあげる
2030年までに農場における抗生物質の使用量の少なくとも85~90%が治療向けであることを担保する

[注2] アイルランド農民協会のカリナン会長は、委員会が植物ベースの食を重視する目標をとりあげ、生物多様性を支援する農民の努力を無視するリスクがあると主張する。
「農家はすでに炭素を貯蔵しているし、農場に隔離する。生物多様性に大いに貢献する草地、草原、作物やヘッジを通じてこれを行っている」と述べ、持続可能な畜産を通じた炭素隔離も支援すべきだと語る。[6]

【用語】
●欧州市民イニシアチブ(European Citizens' Initiative = ECI)。2007年にリスボン条約で導入された「EU市民がEUの政策の策定に直接参加できるようにする」ことにより、直接民主主義を強化することを目的にEUが権限を持つ政策分野について、加盟国7カ国から計100万人以上の署名を集めれば、欧州委員会に対して立法を提案することができる制度。

エピローグ

著者が居住する長野市の善光寺の寺町には立派な味噌蔵を構えた一八四八年（嘉永元年）創業の味噌屋「三原屋」がある。スローフード作家、島村菜津氏と訪れたときに話題になったのが、二〇一八年六月に可決された「改正食品衛生法」だった。法律によって全事業者にハサップ（HACCP）が義務化される。大量生産する大企業には有利でも、昔ながらの家内制手工業には宇宙食の安全性を確保するために誕生したHACCP概念はそぐわない[1]。島村氏によれば、イタリアでも衛生管理の徹底とともに一五〇もの伝統的なチーズ工房が廃業したが、これに抵抗したのが地域の味を守りたい各州だった[2]。中央政府の意向に逆らう地方政府の条例でかろうじて残された五〇ほどの伝統的なチーズづくり工房の食文化が皮肉なことにいまは観光の目玉になっているという。

ゲノム編集食品の解禁問題もグローバル化の視点から見ればすっきりする。トランプ大統領が安全性の規制を撤廃し、輸出推進のための大統領令を二〇一九年六月一一日に発したことが発端だ[3]。米国の反GMO活動家、マムズ・アクロス・アメリカのゼン・ハニーカット氏も日本のゲノム食品流通の裏には大統領令があると指摘し[4]、米国内での市民運動には限界があるが日本ならば米国を変えられると主張する。意外に知られていないがニューオーリンズには世界最大の穀物企業「全農グレイン」がある。日本、中国、中南米に毎年一九〇〇万トンも輸送している。豆腐や納豆に「アメリカ産、遺伝子組み換えではない」と表示されているのも、全農グレインがせっせと大豆を分別しているからだ。ただし、流通量のうち非GMOはわずか六％しかない[5]。もし、全農グレインが非GMOしか買わないと言えば米国農業を変えられる。「私たちの国内での市民運動には限界がありますが、日本ならば米国を変えられる。だから来日しているのです」ハニーカット氏の指摘は新鮮だった[3]。日本の食糧輸入のあり方は、米国で工業型農業生産が続くかどうか。すなわち、温暖化問題とも直結しているのだ。

第3章のコラム3-2で書いたように、日本の有機給食の先進地は、今治市だ。運動の拠点となった立花小学校を訪れたが三〇％もの有機食材を実現していた。そして、意外なことにその有機給食は長野県佐久市とも無縁ではなかった。長尾見二氏は言う。

「有吉佐和子さんの『複合汚染』があって、有機農業が必要なことはわかっても、先進地がない。そこで、有機農業研究会に加入し、佐久で開かれた夏期研修会に参加したのです。そこで、鯉がいる田んぼを見た。この深水管理にすれば、生き物もいて草も生えん。害虫も生き物が食べる。ヒントを得たわけです」

いまでは、田植えをしてから稲刈りまで田んぼに入らなくてもすむ技を身に付けた長尾氏だが、佐久の伝統的な水田での鯉飼育を目にして、生物と共生した有機稲作の自信をもったという[6]。

二〇一七年に第四五回日本有機農業研究会の全国大会が開催されたのも、有機農業推進に力を入れる長野県が「有機農業プラットフォーム・キックオフ　イベント」を二〇一九年八月に開いたのも佐久だ。これにもわけがある。日本の有機農業運動の発祥の地のひとつだからだ。農薬問題の危険性をいち早く洞察した佐久総合病院の育成者、若月俊一医師の提案で、一九七八年に日本で最初に生ゴミを堆肥化して大地に還元する「臼田町堆肥センター」が誕生。一九八二年には、旧臼田町（現佐久市）、旧臼田町農協（現ＪＡ佐久浅間）、佐久総合病院の三者で「臼田町有機農業研究会」が早くも設立されている。食を通じた医療と農業との連携、食品廃棄物をゼロにするＳＤＧｓの目標、温暖化防止のための土壌への有機物還元やグリーン・ディールというと欧州発の斬新な発想に思えるが、それは、今から四〇年も前にすでに信州の農村の一医師によって提唱されていた[7]。

二〇二〇年二月四日には、有機農業の拡大を目指して長野県内の県議会議員と市町村議会議員によって「信州オーガニック議員連盟」が発足した。この議員連盟ができた発端も佐久だ。前述した県の「有機イベント」で県内各地の市町村の女性議員が顔を会わせたことが契機になったという。議員連盟の設立会議で記念講演をしたのは、今治市の安井孝産業部長だった[8]。

フードマイレージを考えれば、大量の穀物の遠距離輸送はよくはない。地産地消が理想だ。けれども、船舶で穀物を輸送するよりも飼料作物で飼育した牛肉を食べた方が格段に二酸化炭素の排出量が多い。小泉進次郎環境相のステーキ発言が物議をかもしたのもそのためだ。おまけに、二酸化炭素は石炭火力発電以上に土壌から排出されている。

ハニーカット氏が望むように、日本が脱ミートと非ＧＭＯ宣言をしたうえで、温暖化を防ぐため小規模家族農家が生産した有機大豆しか買わないと米国に突きつけたならばどうなるか。米国の農家にアグロエコロジー農業のアウトソーシング化を要請する一方、国内では三原屋のような職人技を活かした味噌、豆腐等の小規模な大豆加工産業を育成していけばどうなるか。国民は健康となり医療費は削減され、地域に根ざした伝統食品産業が復活し、ポストＩＴや金融業として若者たちのあこがれの就職先となっていく。豆腐や味噌は健康食として世界的にも評価が高い和食の柱だから、たとえ、米国産大豆を原料としても、非ハサップのオーガニック豆腐や味噌は自動車に並ぶ輸出品と観光の目玉として外貨獲得源になるかもしれない。少なくとも「Ｆ２Ｆ戦略」を打ち出し、脱ミートに足をふみ入れつつある欧州は輸出先として有望株だ。気候変動対策の遅れで世界の環境ＮＧＯから不名誉な「化石賞」を受賞している日本も、食料自給率が低い現状を逆手にとって、米国にオーガニック生産をアウトソーシング化することで、欧州のグリーン・ディールと並んで温暖化を防いだ世界の救世主となれるのだ。そう、日本が自給できていないことも発想を変えれば世界を救うためのチャンスとなりうる。

第３章のコラム３－２で書いたように、今治市の給食を変えたのも、子どもたちのためには「これが大切だ」と信じた阿部悦子氏らわずか一〇人ほどの行動だった。一人一人ができることはタカがしれている。けれども、その小さなアクションからしか世の中は変わらない。そして、私たちの日々の食の選択が地球を救うとなれば、これほど愉快なことはない。

あとがき〜グローバル化時代の終焉

世界各地、とりわけ、欧州で始まりつつあるコロナ禍後の食と農・腸活・菜園・有機給食――グローバル化の終焉――とローカルな時代の幕開けの物語、いかがだっただろうか。

「グローバリゼーションは瓦解に向かうのではないか。だとすれば、食料を海外に依存し、自給率が四〇%を切っている日本は大丈夫なのだろうか」

新型コロナウイルス禍の報を受けてまず脳裏に浮かんだのは感染以上にこの危機感だった。けれども、本書の中でもふれたとおり、今も世界と逆行する農政は続いている。

第6章でもふれたようにEUの消費者意識の高さは表示と一体とも言える。卵ひとつとっても、ケージ飼い、平飼い、オーガニックが表示され[1]、平飼いは前提でプレミアムが付かない（第4章注6）。けれども、日本では、延期された東京オリンピックの食品調達でも規準が大きく後退し、ケージ飼でも良いとされた[2]。さらに、日本農業新聞しか報じなかったがコロナ防止にかこつけて放牧を禁止する動きも提唱された[3]。二〇二〇年二月に開催された「食料・農業・農村政策審議会」企画部会では、輸入飼料のあり方も見直し、「食料国産率」を導入することが決まった。現在の制度では、輸入飼料で育てられる畜産物の生産が増すほど自給率が下がるため、海外で人気が高い「和牛」の生産振興につながらないというのが理屈だ。ちなみに、輸入飼料を「国産」と見なせば、鶏卵は国産率一二％が九六％、畜産物全体も一五％が六二％となり、トータルのカロリー自給率もいまの三七％から四六％へと一気にアップする。東京大学大学院の鈴木宣弘教授は「輸入が止まる不測の事態に対して、諸外国では畜産飼料も含めたカロリーベースの自給率が重要な指標になっている。自給率八〇％あるとされる野菜ですらタネの九割も外国の圃場で生産されていることを考慮すれば自給率は八％だ。達成が難しい自給率の数字をあげるのが狙いではないか」と危惧する。[4] エピローグでも書いたように米国産のＧＭＯ飼料作物に依存することは安全性からも危険だし、地球温暖化からも問題がある。日本の農政はなぜ世界と逆行してしまうのだろうか。

『タネと内臓』は、自然生態系にも体内生態系、腸内細菌叢にも二つの安定領域があることで結んだ。生物多様性が豊かで撹乱に対するレジリアンスが高い状態か、少数の生物種が独占状態で外的ショックの撹乱に耐えられない状態だ（１２３頁）。腸活が功を奏して腸内細菌が健康な前者も慢性疾患状態の後者もやっかいなことにいずれも安定状態にある。だから、一度はまり込むとなかなか抜け出せない。

同じ状況を長沼伸一郎氏は『現代経済学の直観的方法』の中で別の切り口からこう表現する。[5]「小さな商店が共存して賑わっていた一昔前の商店街が少数の大企業に呑み込まれ町全体がシャッター街と化している（３７１頁）。少数の種だけが異常に繁殖して他の多数の弱小種を駆逐して寡占化が進んでいる状態は、生態系では悪いと判定される（373頁）。けれども、最も巨大な二つの種の間でもバランスが保たれるように、巨大企業と巨大投資家の間でカネが回っていれば、他の部分がどうであれ、経済社会はその状態で安定する（377頁）。さらに巨大企業が中小企業を絶滅させてその縄張りを吸収する過程では金銭的な富が引き出される（379頁）」

古き良き伝統や習慣が壊れれば壊れるほど利潤があがる。これがまさに現代の状況だと氏は分析する（383頁）。

そして、熱力学的に温度分布差がある限り熱機関が動くように、世界各地の品物の産出量にばらつきがある限り、貿易というエンジンも動き続ける（150頁）。どれほど健全な農業文明を再現したいと願っても原理的に難しく、一次産業は衰退していく（88頁）。

農産物のデフレが進行し、大金持ちが大農場でどんどんもうける一方、家族農民が破産して転落していく（412頁）。国内経済の格差が広がる現在とそっくりの状況が古代ローマでも起きたと指摘する（413頁）。格差を解消するには富裕層の大規模農場所有に制限をかけ、余った土地を無産の農民に再分配すればよい。この格差社会を解消しようとするグラックス兄弟の最後の試みは富裕層による殺害という悲劇的な結末によって無残に潰えて、その後も格差は縮まることはなかったと指摘する（414頁）。

長沼氏の分析のように、現在のグローバル化を考えるうえで、古代ローマは示唆に富む。例えば、東ブリテンのサットン・フーには六世紀のアングロ・サクソン王の墓がある。ローマ人たちはこの地域を「ブリタンニア」と呼び、支配拠点「ロンディニウム」を建設した。これがロンドンの名の起源だ。けれども、考古学者たちを驚かしたのは、出土した王の食卓に鎮座する陶磁器のみすぼらしさだった。帝国の崩壊に伴い、「陶工ろくろ」の技も失われ、数千年以上も前の青銅器時代の技術水準にまで後戻りしていたのだ。これを没落と言わずして何と言おう[6]。

高度な技術が失われた原因は、グローバル化だった。帝国繁栄の柱にあったのは経済効率を高めるための専門分化と集中生産だった。ガリア南部にあった「ラ・グローフサンク」の陶器製造工場では高級品が大量生産され、帝国全域や帝国領を越えたいまのデンマークや東ドイツまで出荷されていた。エレガントな低価格の食器が農家にさえ普及した[6]。けれども、コストダウンは大量生産と表裏一体だ。陸を越え海を渡り数千キロ先のエンドユーザーにまで販売することでのみ利益をあげられる[6,7]。サットン・フー近郊の村民も海上輸送されてくる陶磁器を地元の商人から買えた。となれば、わざわざ地元に工房がある必要はない。各地域で育まれた技は消え去り、誰もがいつしか作り方を忘れた。帝国の全盛期にはそれでもよかったが[6]、ローマ帝国が崩壊し、陸上の道路網も修理されず、地中海が海賊たちの天国となったとき[7]、旧帝国のほとんどの属州は、中世という暗黒時代へと入ったのだった[6]。

近代経済史では一般的にこれを後退と見なす。けれども、それは、近代の成長史観に基づいているからだ。古代ローマでは金融業者が巨大な経済力を持ち、利子を付けて大量のマネーが貸し出され、不在地主が奴隷を使って経営する大規模な工業型農場ラティフンディウムが国民の食料を支えていた[7]。農地は持続可能には維持されず荒れた[8]。マネー経済も退廃し腐敗していた。その反動か、帝国崩壊のカオスの中から隆盛した中世ヨーロッパが、富の尺度としたのは、「土地」と「労働」だった。いまだ土地が『不動産（real estate）』と呼ばれるのはそのためだ。同時に分権化とローカル化が進んだ中世を貫く職業別ギルドの原則もグローバル化や競争とは正反対のものだった。ギルドは労働基準を確立し、労働時間や条件だけでなく価格すら統制した。いかなるサービスや財にも慣習的な「公正価格」があるとし、それ以上の価格を付せば厳罰に処され、逆に競争者を出し抜くために安売りしても仲間内の商売から締め出された。ローマ帝国のグローバルマネー経済が壊れた後に、中世の欧州が選択したのは、安定して「レジリアンス」のある封建制という「ニュー・エコノミー」だった[7]。

東ローマ帝国—ビザンティン帝国も複雑な社会を自発的に簡素化したことで継続した。東ローマ帝国は、西ローマとは異なり、崩壊を免れたが、その後のイスラムとの戦いに敗れ、人口も減少し農地も放棄され、領土も縮小する。かつてと同じ重税を農民たちに課すことで軍備を維持することはとうていできない。帝国政府が選択したのは、軍役の世襲を条件に兵士たちに農地を与え、自活させることだった。これに応じて、中央政府も州政府も簡素化され、民政部門は軍へと統合され、財源も削減された。経済は自給自足する領土毎に再組織化された。教育や文化も失われたことから、この時期もビザンチンの暗黒時代と呼ばれる。けれども、ユタ州立大学の考古学者ジョセフ・テインター教授によれば、このシンプル化が帝国を甦らせた。屯田兵たちは、帝国の富を蕩尽する消費者ではなくなり、生産者となった。軍事費は削減されたが、自分たちの農地や家族を守るためによく戦い、九世紀以降は帝国の規模はほぼ二倍となった[9]。

果たして、コロナ以降の世界が中世化していくのかどうかは筆者の想像の域を超えている。とはいえ、食や農が地産地消や有機農業化していくことは避けられないのではあるまいか。

『タネと内臓』で書いたようにF1が普及したのは、大量生産や大量流通に向くからだ。地元の直売所に並べたり、各家庭で自給するのであればバラバラに発芽し育ちも不揃いな菜っ葉の方が連続した収穫ができて好都合だ。意外なことに食物繊維も「グローバリゼーション」と関連する。ファストフードとは「食物繊維を抜いた食品」と定義できる。[10] 繊維があると保存期間が短くなるが、繊維を取り除けば、焼きたてのパンよりも長持ちする。繊維が含まれる食品を冷凍すれば質感が変化するが、含まなければ冷凍してから全世界に輸送できる。[10,11]

日本ではリニア中央新幹線が経済の目玉とされているが、第3章に登場した三好智子さんは中国に足を運ぶ機会が多く、上海ではリニアがすでに走っていることから、現地の富裕層はそんな技術には関心はなく、むしろ、オーガニックに興味を抱いていると語る。[12] これは、二重の意味で興味深い。中国ではリニアそのものがコロナ禍で無用の長物と化しつつあるからだ。[13]

一方、中国のCSAのパイオニア、ウージャンシーのシー・ヤン共同代表は「コロナの危機がピークとなった一月には需要が三〇〇％増えました。わたしたち生産者は、需要を満たすために大変なプレッシャーにさらされました」と語る。[14] ジャーナリストの堤未果さんは、中国でも最先端の技術を活用したローカル経済が実現しつつあると語る。

「有事の際には小さいものがリスクヘッジになります。中国の農業は昔からある知恵を活かし最先端の有機農業をやっている。そして、地方のすべてをネット回線でつないで小規模な生産者が直接売れるようにした。生産消費はローカルだが技術は最先端で情報が瞬時に入るのです[15]」

欧州に本社を置く農園芸用培地メーカーの社員として、欧州や世界を飛び回る小林輝紀氏は、フランスが大きく転換した理由として、官民で有機農業を支援する有機農業振興団体を設け、補助金活用や施策の統一化をしていることが大きいと語る。氏によれば二〇年前はフランスの消費者意識もそれほどでもなかったが、ここ最近は、思想として有機やベジタリアンを選択する人が増えているという。世界有数の農業先進国であり有機農業を促進するデンマークについても、三世代が同居して孫と祖父母が一緒に生活や食事をする在宅介護等の高齢者福祉システムが図られている等、国策によって農業と社会が密接につながっていると語る。

「ヨーロッパではまだまだ旬が大事にされています。長野にも各地域に伝統的な在来種がありますが、適地適作で栽培すれば病虫害リスクが低いことが知られています。有機も技術的に可能です。逆に言えば、広域流通と旬の喪失が日本農業の問題点にもなっていると思います」と続ける。ただ在来種を使えばそのまま有機ができるわけではない。土地毎の在来種を交換して栽培してみたところ出来が悪かったという[16]。適地適作があるのだ。ここでもローカルがキーワードとして顔を出す。

さて、『タネと内臓』では、あとがきで、食事量の削減と断食、ミミズ堆肥づくり、自家採種と解決策を書いた。ただ警鐘を鳴らして不安をあおるのは性に合わない。そこで、本書でも同じく、たやすく一消費者として実践できる解決策を提言して筆をおきたい。

第一は、前と同じく断食だ。本書で書いたとおり、肉食は温暖化につながる。そこで、コロナ発生以降、筆者は肉を食べることを止め、朝食は完全に抜き、昼もごく軽くし、週に一度は、断食をすることにした。『タネと内臓』（114頁）でも記述したように仮に一日一三〇〇キロカロリーでも健康に生きられれば、輸入飼料をあえて国産と見なさなくても、自給率は一気に七二％にアップする。筆者は糖尿病闘病中で、体重が数キログラム落ちたが、血糖値のHbA1cも六・四から六・一へとさらに改善し体調もいい。やはり、有機野菜や食物繊維、そして、ミネラルを摂取することは免疫力を高めるうえでも有効なのではないかと個人的に思っている。

第二は、良い油を摂ることだ。すべてオーガニックが理想だが、完璧に実践するにはいくらお金があっても足りないし筆者もできていない。科学ジャーナリスト鈴木祐氏は、限られた予算内で、最優先すべきは脂肪と油だと述べる。他の食材と比較して、オリーブオイルやココナッツオイル、ギーは安い[17]。日本を含めた一〇カ国のハーバード大学のメタ分析からも、油や脂肪を良いものに変えることが、コストを抑えて健康になる近道だという[18]。油を扱う第5章を設けたのはそんな想いもある。

第三は、鼻呼吸だ。鼻は自然のマスクで繊毛と粘液で濾過されることで病原体が気道を下って肺に達するのを防ぐし[19]、冷たく乾いた外気を加温・加湿するから肺を傷めない[19,20]。加えて、鼻腔からは一酸化窒素が放出されているが、血管を広げ酸素摂取量を高める効果があるため、コロナ治療薬としても臨床試験がいま米国とカナダでなされている[21]。一酸化窒素にはインフルエンザやＳＡＲＳの抗ウイルス効果があることも判明している[21,22]。この働きの解明で、一九九八年にノーベル生理医学賞を受賞したカリフォルニア大学ロサンゼルス校医学部のルイス・イグナロ名誉教授が薦めるのもそのためだ[23]。けれども、感染予防に役立つ鼻呼吸を無意識に邪魔するものがある。加工食品だ。それを食べると体内で酸が形成されるため、血液のpHが変化しないように溶け込むと酸性を呈する二酸化炭素の取り込み量を減らすことで身体は対応する[24]。人間はもとより鼻で呼吸するように進化してきたし[19]、口呼吸や過呼吸は、体内でのガス交換能力も下がり不自然で非効率なのだが、米国の歯科医、ウェストン・プライスは、一九三〇年代に早くも伝統食が近代的な食生活に変わると子どもたちが口呼吸をすることに気づいている[24]。

ということで、第四は、身体に入るとアルカリ性を呈する有機野菜を多く摂ることで、鼻呼吸も取り戻したい。グリーンディールについて、米国ではこんな提言もされている。「果物や野菜は腐りやすい。過剰供給で価格を下落させる恐れがあれば、その果物や野菜は冷凍したり缶詰にしたり、乾燥すれば通年備蓄できる。地元の加工処理に投資することは地元経済を刺激して、多くの雇用を生み出す[25]」

筆者も属する「ＮＡＧＡＮＯ農と食の会」の事務局、カネマツ物産では有機野菜の冷凍スープを生産している。漬物とは別の選択肢として、通年有機野菜を摂取するためにはこうしたものがあってもいいと思っている。

第五は、自然エネルギーの活用だ。できることならば、冷凍野菜も化石燃料を使わず太陽の恵みだけを使って食したい。そんな素敵なテクノロジーもすでにある。工房あまねが製造しているソーラークッカー

「かるぴか」だ。この技術との出会いも意外な縁で愛媛と佐久とを取りむすぶ。「福岡正信さんと自然農法を愛する会」の新年会の会場で出会ったのが、日本ソーラークッキング協会の鳥居ヤス子氏だった。世界初のパラボラ型のソーラークッカーが発明されたのは一九五五年。五藤プラネタリウムで知られる五藤齊三氏が氷点下のニューヨークで米を炊いてみせたのがルーツだという。

「それは、いま長野県の佐久で作られています」

もちろん、成長期の子どもには栄養が必要だ。そこで、栄養価がないジャンクフードをボイコットする代わりに野菜スープに加えて簡単な軽食を勧めたい。ここでも、埼玉県の農家ではない「もろやま華うどん」の創始者、新井康之氏が伝授してくれた素敵な技がある[26]。

用意するのはスーパーで三〇〇円ほどで買えるスライサーだけだ。これで、ジャガイモ、タマネギからニンジンまでスライスしてさっと茹でるだけ。薄く切ることで熱がとおり消化がよくなるが数分で湯あげするから酵素までは分解しない。これがほとんどの原料がＧＭＯのサラダ油、オメガ6だらけの植物油で揚げられたスナックの代替品となる。素材を有機にしても価格はせいぜい一・五倍だ。身体に毒があるものがボイコットされればそれは売れなくなるし、有機農産物の需要が伸びれば、その分確実に有機生産も伸びる。

「かるぴか」に日差しが差し込めばわずか二〇分。太陽の恵みを受けて沸騰している水を目にしたとき、この星で生きている恵みを確かに感じた。なお、最後に本書をこの世に出す機会をいただいた築地書館の土井二郎氏に感謝したい。

https://www.commondreams.org/views/2019/01/08/why-sustainable-agriculture-should-support-green-new-deal

(26) 2019年8月31日、新井康之氏「調理革命～食が語りかける愛の世界」静岡県浜松市で開催されたラブファーマーズ・カンファレンスにて筆者聞き取り

1988.
(10) ロバート・H・ラスティグ『果糖中毒―― 19億人が太り過ぎの世界はどのように生まれたのか？』ダイヤモンド社（2018）
(11) 前掲コラム5-1文献（9）
(12) 2019年9月15日、三好智子氏より筆者聞き取り
(13) 2020年5月27日：さかいもとみ「世界最速から陥落、『上海リニア』無用の長物に？」東洋経済オンライン
https://toyokeizai.net/articles/-/352643
(14) 前掲第4章文献（20）
(15) 2020年4月6日、三橋TV第219回　堤未果「パンデミックの向こう側　希望ある世界に向けて足掻け！」
https://www.youtube.com/watch?v=WehjKI3NdfA
(16) 2020年7月16日、小林輝紀氏より筆者聞き取り
(17) 2014年9月20日、鈴木祐「『タンパク質、脂肪、炭水化物』どの栄養素に最もお金を使うべきか？」パレオな男
https://yuchrszk.blogspot.com/2014/09/blog-post_20.html
(18) 2017年5月19日、鈴木祐「まずは油を変えるのが低コストで健康になれる近道」パレオな男
https://yuchrszk.blogspot.com/2017/05/blog-post_19.html
(19) Allison Hirschlag, How Nasal Breathing Keeps You Healthier, *Elemental*, 14 July 2020.
https://elemental.medium.com/how-nasal-breathing-keeps-you-healthier-3695bb5c6cd1
(20) Curt Mathewson, Why Nasal Breathing Is Your First Line of Defense Against Coronavirus, *Breathing center*, 15 April 2020.
https://www.breathingcenter.com/buteyko-breathing-blog/why-nasal-breathingis- your-first-line-of-defense-against-coronavirus
(21) Join Patrick McKeown, Is Nasal Breathing Your First Line of Defense Against Coronavirus? *Buteykoclinic.com*, 4 March 2020.
https://buteykoclinic.com/corona-virus/
(22) Nasal breathing as a barrier against the Corona virus, *OMFT*, 9 March 2020.
https://www.startribune.com/hum-or-hold-your-breath-how-to-protect-againstcovid-19-when-someone-gets-too-close/571504742/
(23) Richard Chin, Hum or hold your breath? How to protect against COVID-19, *Star Tribune*, 27 June 2020.
https://www.startribune.com/hum-or-hold-your-breath-how-to-protect-againstcovid-19-when-someone-gets-too-close/571504742/
(24) パトリック・マキューン『人生が変わる最高の呼吸法』かんき出版（2017）
(25) Elizabeth Henderson, Why Sustainable Agriculture Should Support a Green New Deal, *Independent science news*, January 14, 2019.

エピローグ

(1) 2019年2月23日、島村菜津氏より筆者聞き取り
(2) 2019年12月17日、島村菜津氏より筆者聞き取り
(3) 2019年8月2日：猪瀬聖「ゲノム食品「規制なき解禁」にトランプ大統領の影」Yahoo！ニュース
https://news.yahoo.co.jp/byline/inosehijiri/20190802-00136669/
(4) 2019年12月3日、「食で子どもの未来が変わる！」ゼン・ハニーカットさん名古屋講演会
(5) ゼン・ハニーカット『あきらめない：UNSTOPPABLE』現代書館（2019）
(6) 2019年9月29日及び2020年2月24日、長尾見二氏より筆者聞き取り
(7) 2019年4月12日、夏川周介佐久総合病院名誉院長より筆者聞き取り
(8) 2020年2月11日、日本農業新聞信越版

あとがき――グローバル化時代の終焉

(1) バタリーケージの卵を食べたくないキャンペーン
https://save-niwatori.jimdofree.com/%E6%B5%B7%E5%A4%96%E3%81%AE%E7%8A%B6%E6%B3%81/
(2) 2017年9月22日：動物にもやさしい東京五輪を！ TOKYO ANIMAL CRUELTY
https://arcj.org/campaign/tokyo-animal-cruelty-2/
(3) 東京オリンピック・パラリンピックでアニマルウェルフェア（動物福祉）のレベルを下げないで！
https://www.change.org/p/%E6%9D%B1%E4%BA%AC%E3%82%AA%E3%83%AA%E3%83%B3%E3%83%94%E3%83%83%E3%82%AF-%E3%83%91%E3%83%A9%E3%83%AA%E3%83%B3%E3%83%94%E3%83%83%E3%82%AF%E3%81%A7%E6%AE%8B%E9%85%B7%E3%81%AA%E9%A3%BC%E8%82%B2%E3%82%92%E7%B5%8C%E3%81%9F%E7%95%9C %E7%94%A3%E7%89%A9%E3%82%92%E6%8F%90%E4%BE%9B% E3%81%97%E3%81%AA%E3%81%84%E3%81%A7%E4%B8%8B%E3%81%95%E3%81%84
(4) 2020年3月19日：鈴木宣弘「食料国産率は「ごまかし」なのか～実は飼料自給の重要性を認識させる～」食料・農業問題　本質と裏側、JAcom 農業協同組合新聞
https://www.jacom.or.jp/column/2020/03/200319-40831.php
(5) 長沼伸一郎『現代経済学の直観的方法』講談社（2020）
(6) John Michael Greer, The Ecotechnic Future：Envisioning a Post-Peak World, New Society Publishers, 2009。
(7) John Michael Greer, The Wealth of Nature：Economics as if Survival Mattered, New Society Publishers, 2011。
(8) デイビッド・モントゴメリー『土の文明史』築地書館（2010）
(9) Joseph Tainter, Collapse of Complex Societies, Cambridge University Press,

(2) Gerardo Fortuna, Fight against Nutriscore unites Italians, *EURACTIV*, 7 January2020.
https://www.euractiv.com/section/all/short_news/rome-fight-against-nutriscoreunites-italians/
(3) Oliver Morrison, Food label fight: Italy's NutrInform 'confusing and counterintuitive', claim consumers groups, *Food Navigator*, 31 January 2020.
https://www.foodnavigator.com/Article/2020/01/31/Food-label-fight-Italy-s-NutrInform-confusing-and-counter-intuitive-claim-consumers-groups
(4) Gerardo Fortuna and Natasha Foote, Commission bemused by consumer information conundrum, *EURACTIV*, 4 February 2020.
https://www.euractiv.com/section/agriculture-food/news/commission-bemusedby-consumer-information-conundrum/
(5) 前掲第 2 章文献（11）
(6) 前掲第 2 章文献（4）
(7) Food labels could turn Europeans healthier–and greener, *Sustainability Times*, 4 June 2020.
https://www.sustainability-times.com/green-consumerism/food-labels-could-turneuropeans-healthier-and-greener/
(8) European Scientist, Nutrinform vs. Nutriscore: Italy sets stage for European food labelling battle, *European Scientist*, 27 February 2020.
https://www.europeanscientist.com/en/public-health/nutrinform-vs-nutriscoreitaly-sets-stage-for-european-food-labelling-battle/
(9) 前掲第 2 章文献（11）
(10) 前掲第 2 章文献（2）
(11) Food label: French and German farmers support Italy, *ItalianFOOD.net*, 10 March 2020.
https://news.italianfood.net/2020/03/10/food-label-french-and-german-farmerssupport-italy/
(12) Cario Petraini, Chasing Food Labels, *Slow Food*, 20 February 2020.
https://www.slowfood.com/chasing-food-labels/4
(13) Gil Rivière Wekstein, Shortages after the pandemic? Farm to Fork and the Green Deal for degrowth, *European Scientist*, 27 May 2020.
https://www.europeanscientist.com/en/features/shortages-after-the-pandemicfarm-to-fork-and-the-green-deal-for-degrowth/
(14) Interview with Professor Philippe Legrand: "Not all French experts agree on Nutriscore", *European Scientist*, 13 march 2020.
https://www.europeanscientist.com/en/public-health/interview-with-professorphilippe-legrand-not-all-french-experts-agree-on-nutriscore/

ライデー 2019 年 9 月 26 日号
(14) 江部康二『人類最強の「糖質制限」論——ケトン体を味方にして痩せる、健康になる』SB 新書 (2016)
(15) 﨑谷博征『原始人食が病気を治す』マキノ出版 (2013)
(16) 藤田紘一郎『脳はバカ、腸はかしこい』三五館 (2012)
(17) Could fish make our children smart? University of Bristol, 3 October 2005.
(18) ジョン・レイティ他『GO WILD 野生の体を取り戻せ！』NHK 出版 (2014)

コラム 5－1　からだに良い脂肪と悪い脂肪

(1) 前掲第 5 章 (11)
(2) 牧田善二『医者が教える食事術 2 実践バイブル』ダイヤモンド社 (2019)
(3) 2017 年 5 月 22 日：Saito Karami「脂肪酸はこれだけ知ってれば大丈夫」生きるために食べる
https://saitokarami.com/post-1090/
(4) 稲島司『健康に良いはウソだらけ』新生出版社 (2018)
(5) ブルース・ファイブ『ココナッツオイル健康法』WAVE 出版 (2014)
(6) 2019 年 12 月 23 日：鈴木邦昭「トランス脂肪酸の含有量が基準値以下であってもマーガリンは使うべきではない理由とは？」神仙堂薬局
https://sinsd.com/post-2516
(7) 2013 年 11 月 14 日：大西睦子「トランス脂肪酸　日本は規制なしですが」ロバスト・ヘルス
http://robust-health.jp/article/author/mohnishi/000431.php
(8) 前掲第 5 章文献 (10)
(9) ジェイソン・ファン『トロント最高の医師が教える世界最新の太らないカラダ』サンマーク出版 (2019)
(10) 前掲第 5 章文献 (18)
(11) 前掲第 5 章文献 (14)
(12) 幕内秀夫『世にも恐ろしい「糖質制限食ダイエット」』講談社 α 新書 (2014)
(13) 山田悟『糖質制限の真実』幻冬舎 (2015)
(14) アイザック・ジョーンズ『世界のエグゼクティブを変えた超一流の食事術』サンマーク出版 (2016)
(15) 鈴木祐『最高の体調』クロスメディア・パブリッシング (2018)
(16) 前掲第 5 章文献 (7)
(17) 前掲第 5 章文献 (13)

第 6 章　健康になり環境を守るため全食品に栄養表示を義務づけ

(1) Gerardo Fortuna and Natasha Foote, Greens, socialists back nutritional label despite environmental concerns, *EURACTIV*, 22 November 2019.
https://www.euractiv.com/section/agriculture-food/news/greens-socialists-backnutritional-label-despite-environmental-concerns/1399287/

(5) Eleanor Ainge Roy and Alyx Gorman, Coronavirus gardening boom overwhelms seed suppliers in New Zealand and Australia, *The Guardian*, 8 April 2020. https://www.theguardian.com/world/2020/apr/08/coronavirus-gardening-boomoverwhelms-seed-suppliers-in-new-zealand-and-australia

第５章　良い油の選択が地上に平和をもたらす

(1) Felicity Lawrence, Omega-3, junk food and the link between violence and what we eat, Research with British and US offenders suggests nutritional deficiencies may play a key role in aggressive bevaviour, *The Guardian*, 17 October 2006. https://www.theguardian.com/politics/2006/oct/17/prisonsandprobation.ukcrime

(2) Faye Flam, Food science caught between the head and the heart, *BLOOMBERG*, 8 January 2018. https://www.japantimes.co.jp/opinion/2018/01/08/commentary/worldcommentary/food-science-caught-head-heart/

(3) Toni Tarver, A Diet for a Kinder Planet, *Institute of Food Technologists*, 1 October 2014. https://www.ift.org/news-and-publications/food-technology-magazine/issues/2014/october/features/a_diet_for_a_kinder_planet

(4) Susan Freinkel, Vitamin Cure Can common nutrients curb violent tendencies and dispel clinical depression?, *Discover magazine*, 1 May 2005. https://www.discovermagazine.com/health/vitamin-cure

(5) Sandra Fleishman, The Omega Man, *Bethesda Magazine*, 6 November 2012. https://bethesdamagazine.com/bethesda-magazine/november-december-2012/omega-3-2/

(6) Mark Hyman, Why You Need Omega-3 Fatty Acids in Your Diet, *Eco Watch*, 12 July 2016. https://www.ecowatch.com/why-you-need-fat-in-your-diet-1917468221.html

(7) 白澤卓二『あなたを生かす油 ダメにする油』KADOKAWA（2015）

(8) 2020年1月12日放送NHKスペシャル 食の起源 第3集「脂～発見！人類を救う“命のアブラ”～」(NHKサイト) https://www.nhk.or.jp/kenko/atc_1128.html

(9) 池谷敏郎『体内の「炎症」を抑えると、病気にならない！』三笠書房（2017）

(10) 白澤卓二『体が生まれ変わる「ケトン体」食事法』三笠書房（2015）

(11) 有田誠「脂肪は敵か味方か」ヘルシスト248 2018年3月30日 https://www.yakult.co.jp/healthist/248/img/pdf/p02_07.pdf

(12) 2017年9月4日：Saito Karami「植物油の過剰摂取が男性不妊症増加の原因？- EPA/AA 比と精子の関係」生きるために食べる https://saitokarami.com/omega6-promote-male-infertility/

(13) 中川いづみ「世界で規制が進む『トランス脂肪酸』 日本では野放しのなぜ？」フ

(3) Belinda-Jane Davis, Maitland council and Slow Food Hunter Valley establish a seed library, *Big Dry News*, 14 April 2020.
https://www.maitlandmercury.com.au/story/6722690/time-to-grow-a-greenthumb-in-the-garden/
(4) New Seed Library to grow in Maitland, maitland.nsw.gov.au, 11 March 2020.
https://www.maitland.nsw.gov.au/news/new-seed-library-to-grow-in-maitland
(5) Newstate Media, Sowing the seeds at new library, *Newcastle Weekly*, 8 April 2020.
https://newcastleweekly.com.au/sowing-the-seeds-at-new-library/
(6) Our work in the community is about making sure that everyone has access to good, clean and fair food, *Slow Food Hunter Valley*.
https://www.slowfoodhuntervalley.com.au/about-us/
(7) Hunter Hero: Amorelle Dempster, *The Newcastle Herald*, 19 March 2018.
https://www.newcastleherald.com.au/story/5289287/a-growing-push-hasmaitland-in-full-bloom/
(8) Belinda-Jane Davis, Amorelle Dempster is the 2017 Maitland Citizen of the Year, *Murcury*, 26 January 2018.
https://www.maitlandmercury.com.au/story/5191706/amorelle-dempster-namedmaitland-citizen-of-the-year-2017/
(9) Belinda-Jane Davis, Slow Food Australia call for communities to act over GM food plan, *Murcury*, 6 August 2019.
https://www.maitlandmercury.com.au/story/6313549/genetically-modified-foodplan- raises-huge-concerns/

コラム４−２　世界的なタネ不足

(1) Beth Timmins, Coronavirus: Seed sales soar as more of us become budding gardeners, *BBC News*, 8 May 2020.
https://www.bbc.com/news/business-52544317
(2) Alan Yu, Fearing Shortages, People Are Planting More Vegetable Gardens, *WHYY*, 27 March 2020.
https://www.npr.org/sections/coronavirus-live-updates/2020/03/27/822514756/fearing-shortages-people-are-planting-more-vegetable-gardens
(3) Coral Murphy, Vegetable growing and backyard chickens: Gardening, farming booms during coronavirus pandemic, *USA TODAY*, 14 April 2020.
https://www.usatoday.com/story/money/2020/04/14/coronavirus-gardeninghobby-and-self-sustainability-create-interest/2923047001/
(4) Christopher Walljasper and Tom Polansek, Home gardening blooms around the world during coronavirus lockdowns, *Reuters*, 20 April 2020.
https://www.reuters.com/article/us-health-coronavirus-gardens/homegardening-blooms-around-the-world-during-coronavirus-lockdownsidUSKBN2220D3

る米社会の恥部」Yahoo！ニュース
https://news.yahoo.co.jp/byline/inosehijiri/20200523-00179941/
(12) Muhammad Ali Pate and Martien van Nieuwkoop, How nutrition can protect people's health during COVID-19, *The World Bank*, 13 May 2020.
https://blogs.worldbank.org/voices/how-nutrition-can-protect-peoples-healthduring-covid-19
(13) 前掲第２章文献（10）
(14) 2020 年 6 月 23 日、マックグリービー准教授より筆者聞き取り
(15) Organic Foods Getting Coronavirus Boost, *Ecovia*, 16 April 2020.
https://www.ecoviaint.com/organic-foods-getting-coronavirus-boost/
(16) Katy Askew, Organic food's coronavirus boost: 'Health crises have a long-term impact on consumer demand', *Foodnavigator*, 6 May 2020.
https://www.foodnavigator.com/Article/2020/05/06/Organic-food-getscoronavirus-boost
(17) Michelle Perrett, Coronavirus: UK to prioritise domestic supply as coronavirus hits imports, *Food manufacture*, 21 April 2020.
https://www.foodmanufacture.co.uk/Article/2020/04/21/Coronavirus-UK-toprioritise-domestic-supply-over-imports
(18) Farming UK Team, Sales of organic eggs enjoying 'double digit growth', *Farming UK*, 19 March 2020.
https://www.farminguk.com/news/sales-of-organic-eggs-enjoying-double-digitgrowth-_55245.html
(19) Caroline Evans, Coronavirus: Food supply chains 'need a rethink', *BBC News*, 3 May 2020.
https://www.bbc.com/news/uk-wales-52500906
(20) Jocelyn, Community Supported Agriculture is a Safe and Resilient Alternative to Industrial Agriculture in the Time of Covid-19, *International Network URGENCI*, 7 April 2020.
https://urgenci.net/community-supported-agriculture-is-a-safe-and-resilientalternative-to-industrial-agriculture-in-the-time-of-covid-19/

コラム４−１　オーストラリアで始まったタネの図書館

(1) Coronavirus food shortage fears prompt shoppers to target seeds and country stores, *ABC News*, 18 March 2020.
https://www.abc.net.au/news/2020-03-18/coronavirus-sees-surge-in-seed-salesand-country-shopping/12065776
(2) Liz Farquhar, Backyard veggie patches boom even as the coronavirus food panic subsides, *ABC News*, 12 May 2020.
https://www.abc.net.au/news/2020-05-12/seed-library-veggie-patch-coronavirusplanting-gardening-home/12234734

(7) Andrew W. Saul Interviews, doctoryourself.com, 2004.
http://www.doctoryourself.com/stoneinterview.html

第４章　免疫力を高めるために海外ではオーガニックがブームに

(1) Mary Jo DiLonardo, How Exercise and Diet Affect Coronavirus Risk, *Tree Hugger*, 24 April 2020.
https://www.treehugger.com/how-exercise-and-diet-affect-coronavirus-risk-andcomplications-4859364

(2) Dariush Mozaffarian, Dan Glickman and Simin Nikbin Meydani, How your diet can help flatten the curve, *CNN*, 27 March 2020.
https://edition.cnn.com/2020/03/27/opinions/healthy-diet-immune-system-covid-19-mozaffarian-glickman-nikbin-meydani/index.html

(3) COVID-19 outbreak and probiotics: facts and information from BioGaia, *BioGaia* 19 March 2020.
https://www.biogaia.com/other-news/covid-19-outbreak-and-probiotics-facts/

(4) Tim Spector, Coronavirus: how to keep your gut microbiome healthy to fight COVID-19, *The Conversation*, 20 March 2020.
https://theconversation.com/coronavirus-how-to-keep-your-gut-microbiomehealthy-to-fight-covid-19-134158

(5) Keith Nemec, Workers on Probiotics are Healthier, *Total Health Institute*, 7 November 2005.
https://www.totalhealthinstitute.com/workers-on-probiotics-are-healthier/

(6) Cynthia Aranow, Vitamin D and the immune system, J Investig Med. August 2011
https://www.ncbi.nlm.nih.gov/pubmed/21527855

(7) 2020年４月９日「新型コロナウイルス、肥満が重症化のリスク要因　米国は脆弱」仏専門家、ニューズウィーク
https://www.newsweekjapan.jp/stories/world/2020/04/post-93068.php

(8) 2020年４月12日：猪瀬聖「新型コロナの重症化リスク、肥満要因が鮮明に」Yahoo！ニュース
https://news.yahoo.co.jp/byline/inosehijiri/20200412-00172864/

(9) Casey Means and Grady Means, Healthy food: The unexpected medicine for COVID-19 and national security, *The Hill*, 21 April 2020.
https://thehill.com/opinion/healthcare/493127-healthy-food-the-unexpectedmedicine-for-covid-19-and-national-security?fbclid=IwAR0GgQY4FOoeqHTjXqmN1fp2gHAdg_qDOV96ZjoHD3h4po1guMD0C4HDr1U

(10) Communiqué by IPES-Food, COVID-19 and the crisis in food systems: Symptoms, causes, and potential solutions, April 2020.
http://www.ipes-food.org/_img/upload/files/COVID-19_CommuniqueEN.pdf

(11) 2020年５月23日：猪瀬聖「貧困、肥満、人種格差…新型コロナで次々と露呈す

http://www.i-manabi.jp/system/regionals/regionals/ecode:4/85/view/16536

コラム３−３　「大地を守る会」と有機学校給食

(1)　2015年8月7日 戎谷徹也【第9話】学校給食に無農薬野菜を！（前編）走り続けて40年、大地を守る会の原点をたどる、大地を守る会
https://www.daichi-m.co.jp/history/1758/
(2)　2020年2月21日、藤田和芳氏より筆者聞き取り
(3)　2015年8月14日 戎谷徹也【第10話】学校給食に無農薬野菜を！（後編）走り続けて40年、大地を守る会の原点をたどる、大地を守る会
https://www.daichi-m.co.jp/history/1996/
(4)　2020年2月18日：猪瀬聖「『有機ゲノム』を否定した農水省の深謀遠慮」Yahoo！ニュース
https://news.yahoo.co.jp/byline/inosehijiri/20200218-00163440/
(5)　2017年10月15日：藤田和芳「有機農産物を1兆円市場へ最大手として成長を牽引する！」DIAMOND Chain Store Online
https://diamond-rm.net/interview/1798/
(6)　2020年1月25日、長谷川満氏より筆者聞き取り
(7)　2015年10月7日：加藤登紀子、藤本和芳「大地を守る会40周年記念対談」
https://www.daichi-m.co.jp/csr/2769/

コラム３−４　ミネラルたっぷりの学校給食で荒れた学校も変わる

(1)　The company that set up the AHAHS lunch program, Vegan Culinary Academy, Providing Online Culinary Training
https://www.veganculinaryacademy.com/food-and-behavior
(2)　A different kind of school lunch from Pure Facts, The Feingold Association, October 2002.
https://www.feingold.org/PF/wisconsin1.html
(3)　Soram Singh Khalsa, Healthy Diet and Child's IQ, How a Healthy Diet Can Reduce Violence and Rudeness, and Increase Your Child's IQ, *SikhNet*, 2 August 2017.
http://www.sixwise.com/newsletters/05/09/07/how-a-healthy-diet-can-reduceviolence-and-rudeness-and-increase-your-childs-iq.htm
(4)　Larry Morningstar, Southern Botanicals, Nutritional Miracles and Education, *Health Issues A Miracle In Wisconsin*, 14 October 2002.
https://healthfree.com/paa.php?act=view&id=26
(5)　Students Behave Better with Healthy Lunches, *ABC News*, 6 January 2006.
https://abcnews.go.com/GMA/AmericanFamily/story?id=125404&page=1
(6)　Sara Novak, Wisconsin School Cuts Crime by Changing the Menu, *Tree Hugger*, 25 July 2010.
https://www.huffpost.com/entry/luann-coenen-wisconsin-sc_n_659085

(3) 2020年2月25日、安田節子氏より筆者聞き取り
(4) 2019年11月、羽咋市にて筆者聞き取り
(5) 2019年10月に同市を視察した小布施町竹内淳子氏より筆者聞き取り
(6) 2020年1月、長野県松川町での高野誠鮮氏の講演会にて筆者聞き取り
(7) 高野誠鮮『ローマ法王に米を食べさせた男』講談社α新書（2015）
(8) 2020年1月31日、アップリンク吉祥寺での「いただきます〜ここは発酵の楽園」映画トークショーで筆者聞き取り
(9) 2019年8月26日、長野県有機農業プラットフォーム キックオフ イベントでの秋田県立大学谷口吉光教授の講演で筆者聞き取り
(10) 2019年5月6日：八木直樹「学校給食で地域を変える！その2〜学校給食を全量有機米に変えた千葉県いすみ市」やぎ農園ブログ
https://www.yaginouen.com/post/2019/05/06/%E5%AD%A6%E6%A0%A1%E7%B5%A6%E9%A3%9F%E3%81%A7%E5%9C%B0%E5%9F%9F%E3%82%92%E5%A4%89%E3%81%88%E3%82%8B-%E3%81%9D%E3%81%AE%EF%BC%92-%E5%AD%A6%E6%A0%A1%E7%B5%A6%E9%A3%9F%E3%82%92%E5%85%A8%E9%87%8F%E6%9C%89%E6%A9%9F%E7%B1%B3%E3%81%AB%E5%A4%89%E3%81%88%E3%81%9F%E5%8D%83%E8%91%89%E7%9C%8C%E3%81%84%E3%81%99%E3%81%BF%E5%B8%82
(11) 2019年9月30日、安井孝氏より筆者聞き取り
(12) 安井孝『地産地消と学校給食』コモンズ（2010）
(13) 藤原辰史『給食の歴史』岩波新書（2018）
(14) 平成19年2月「地域の人材形成と地域再生に関する調査研究報告書」事例15：愛媛県今治市「地産地消と食育」財団法人 関西情報・産業活性化センター、内閣府経済社会総合研究所委託調査
http://www.esri.go.jp/jp/prj/hou/hou026/hou26-5.pdf
(15) 森恵子『たったひとりの12年、愛媛県議阿部悦子と彼女を支えた人々』グループわいふ（2010）
(16) 2019年9月29日、長尾見二氏と阿部悦子氏より筆者聞き取り
(17) 1981年12月29日「岡島さん若さの勝利、今治市市長選」朝日新聞
(18) 2020年3月3日、阿部悦子氏より筆者聞き取り
(19) 2020年2月24日、長尾見二氏より筆者聞き取り
(20)『ストップ・ザ・リゾート開発：法的戦略が地域を創る』近畿弁護士会連合会公害対策・環境保全委員会編集、リサイクル文化社（1993）
(21) 玉川ダム、ウィキペディア
(22) 今治南高校学校概要
https://imabariminami-h.esnet.ed.jp/history
(23) 愛媛県立図書館（2110043）住友別子銅山の公害（煙害）の被害状態を知りたい
https://crd.ndl.go.jp/reference/modules/d3ndlcrdentry/index.php?page=ref_view&id=1000102162
(24) データベース『えひめの記憶』。『愛媛県史』「人物」より　地域学習教材資料館

country-1882162562.html
(8) Ritzau, Denmark's government to spend a billion on organic farming, *The Local Denmark*, 13 April 2018.
https://www.thelocal.dk/20180413/denmarks-government-to-spend-a-billion-on-organic-farming
(9) 平成 30 年 12 月農林水産省生産局農業環境対策課「有機農業をめぐる事情」世界の有機食品の市場動向より
https://www.maff.go.jp/j/council/seisaku/kazyu/h30_12/attach/pdf/index-16.pdf
(10) Denmark presents plan to get kids eating heal their food, *The Local Denmark*, 15 August 2018.
https://www.thelocal.dk/20180815/denmark-presents-plan-to-get-kids-eatinghealthier-food
(11) The Copenhagen Model, Fonden Københavns Madhus
https://www.kbhmadhus.dk/english/thecopenhagenmodel
(12) Free fruit turns Danish kids away from unhealthy snacks, *The Local Denmark*, 4 November 2019.
https://www.thelocal.dk/20191104/free-fruit-turns-danish-kids-away-fromunhealthy-snacks
(13) 前掲第 3 章文献（2）
(14) Copenhagen touts 'organic food revolution' *The local Denmark*, 24 May 2016.
https://www.thelocal.dk/20160524/copenhagen-touts-organic-food-revolution
(15) The Copenhagen House of Food, Fonden Københavns Madhus
https://www.kbhmadhus.dk/english/press
(16) We are Copenhagen House of Food, Fonden Københavns Madhus
https://www.kbhmadhus.dk/english/aboutus
(17) Our story, Fonden Københavns Madhus
https://www.kbhmadhus.dk/english/ourstory
(18) Melanie Haynes, The Danish schools where the kids make the dinners, *The local Denmark*, 17 May 2019.
https://www.thelocal.dk/20190517/the-danish-schools-where-the-kids-make-thedinners
(19) Welcome to the culinary school at European School Copenhagen
https://europaskolen.skolemad.dk/

コラム 3−2　有機給食と食の自治のルーツを求めて

(1) 令和 2 年 2 月農林水産省生産局農業環境対策課「有機農業をめぐる事情」有機農業の取組面積①世界の状況より
https://www.maff.go.jp/j/seisan/kankyo/yuuki/attach/pdf/index-146.pdf
(2) 2019 年 8 月 2 日、いすみ市鮫田晋氏の都内での講演より

September 2019.
https://www.connexionfrance.com/French-news/school-canteens-in-France-tooffer-vegetarian-menus-once-a-week

(20) Cut out meat and fish once a week, say French stars, *The Connexion*, 3 January 2019.
https://www.connexionfrance.com/French-news/Cut-out-meat-and-fish-once-aweek-say-French-stars-in-open-letter-on-lundi-vert

(21) 2019年8月2日：世界のオーガニックマーケティングセミナー：三好智子

(22) 2019年9月15日、三好智子氏より筆者聞き取り

(23) オーガニック白書「2017 + 2016 近未来予測」及び9月7日、正食協会の岡田恒周代表より筆者聞き取り

(24) 2019年2月22日：北林寿信「フランス有機農業躍進、若者の多くは倫理（動物福祉）を理由に有機食品を選ぶ　値段は気にしない」農場情報研究所
http://wapic.blog.fc2.com/blog-entry-1517.html

(25) Policy for sustainable development and food, The City of Malmö
https://malmo.se/download/18.d8bc6b31373089f7d9800018573/1491301724605/Foodpolicy_Malmo.pdf

コラム3−1　デンマークの有機給食

(1) Boom in organically certified eateries in Denmark, *Organic Denmark*, 15 November 2016.
https://www.organicdenmark.com/blog/boom-in-organically-certified-eateries-indenmark

(2) Lenny Martines, Towards a sustainable Public Food Service in Copenhagen using the lever of education and training, CITEGO 2015.
http://www.citego.org/bdf_fiche-document-1327_en.html

(3) 前掲第3章文献（1）

(4) Lindsay Oberst, Denmark is on its way to becoming an organic country, *Food Revolution Network*, 27 January 2016.
https://foodrevolution.org/blog/denmark-organic-country/

(5) Future Policy Award 2018 crowns best policies on agroecology and sustainable food systems, *World Future Council*, 2018.
https://www.worldfuturecouncil.org/press-release-2018-fpa2018-winners/

(6) Taboola, No one buys more organic food than the Danes, *The Local Denmark*, 9 February 2017.
https://www.thelocal.dk/20170209/no-one-buys-more-organic-food-than-the-danes-report

(7) Cole Mellino, Will Denmark Become the World's First 100% Organic Country? *Eco Watch*, 30 January 2016.
https://www.ecowatch.com/will-denmark-become-the-worlds-first-100-organic-

organic-as-record-numbers-farmers-convert/

(8) French cuisine in 2022：50% of food in canteens must be sustainable, *Sustainable-procurement.org news*, 3 May 2019.
https://sustainable-procurement.org/news?c=search&uid=X2Lz4eaO

(9) Why French school dinners are going vegetarian - at least for one day a week, *The Local*, 4 September 2019.
https://www.thelocal.fr/20190904/french-school-dinners-are-going-vegetarian-atleast-for-one-day-a-week

(10) French schools to offer vegetarian menu once a week, *The Connexion*, 16 September 2018.
https://www.connexionfrance.com/French-news/French-schools-now-need-tooffer-vegetarian-menu-at-least-once-a-week-says-Assembly

(11) 2017年12月4日：羽生のり子「2022年までに給食食材の半分をオーガニックに」サステナブル・ブランド ジャパン
https://www.sustainablebrands.jp/news/jp/detail/1189548_1501.html

(12) France to introduce organic and sustainable food in canteens by 2022, *Food Navigator*, 19 March 2019.
https://www.foodnavigator.com/Article/2019/03/19/France-to-introduceorganic-and-sustainable-food-in-canteens-by-2022

(13) Oliver Moore, France Sees World's Biggest Increase in Organic Land Area, *ARC 2020*, 1March 2020.
https://www.arc2020.eu/france-sees-worlds-biggest-increase-in-organic-landarea/

(14) How school meals can drive local and regional change, *European Week of Regions and Cities*, 9 October 2019.
https://europa.eu/regions-and-cities/programme/sessions/324_en?fbclid=IwAR1TKDADL1Q24gB8LMePA6Xdx_cXflrrPalqHpTcPmLBBya2em26H5lKy14

(15) France unveils new strategy for organic agriculture, *French Food in the US*, 12 April 2018.
https://frenchfoodintheus.org/3825

(16) How France's new food industry laws will affect you, *The local France*, 22 May 2018.
https://www.thelocal.fr/20180522/how-frances-new-food-bill-will-affect-you

(17) Record number of French farms convert to organic production, *Reuters*, 4 June 2019.
https://www.reuters.com/article/france-food-organic/record-number-of-frenchfarms-convert-to-organic-production-idUSL8N23B40O

(18) French organic farming in better shape than ever, *gouvernement*, 4 June 2019.
https://www.gouvernement.fr/en/french-organic-farming-in-better-shape-thanever

(19) French school canteens to go vegetarian once a week, *The Connexion*, 9

コラム２−３　社会科学者を交えたエビデンスに基づく政策提言

（1）　Jeroen Candel, The shift to a more sustainable food system is inevitable, *Wageningen University & Research*, 16 April 2020.
https://www.wur.nl/en/newsarticle/The-shift-to-a-more-sustainable-food-systemis-inevitable.htm
（2）　Oliver Morrison, EU academics call for policy-led shift towards sustainable, *Food navigator*, 14 April 2020.
https://www.foodnavigator.com/Article/2020/04/14/EU-academics-call-forpolicy-led-shift-towards-sustainable-food-system
（3）　Alex Whiting, Interview Coronavirus outbreak, Q&A: Covid-19 pandemic highlights urgent need to change Europe's food system, *Horizon*, 4 May 2020.
https://horizon-magazine.eu/article/qa-covid-19-pandemic-highlights-urgent-need-change-europe-s-food-system.html
（4）　前掲第２章文献（2）
（5）　前掲第２章文献（10）
（6）　前掲第２章文献（11）
（7）　前掲第２章文献（4）

第３章　有機給食が地域経済を再生し有機農業を広める

（1）　Joelle Katto Andrighetto, Organic Public Procurement is a Win-Win Scenario for Farmers, Consumers & Public Goods, 5 September 2018.
https://www.organicwithoutboundaries.bio/2018/09/05/public-procurement/
（2）　The Foodlinks Community, Revaluing Public Sector Food Procurement in Europe, Wageningen University, 2013.
http://www.socioeco.org/bdf_fiche-document-5813_en.html
（3）　Future Policy Award 2018 crowns best policies on agroecology and sustainable food systems
https://www.worldfuturecouncil.org/press-release-2018-fpa2018-winners/
（4）　Lindsay Oberst, Denmark is on its way to becoming an organic country, *Food Revolution* Network, 27 January 2016.
https://foodrevolution.org/blog/denmark-organic-country/
（5）　Growing the Local Food Economy in Scotland, Nourish Scotland, 2015.
http://www.nourishscotland.org/wp-content/uploads/2015/06/Local-Food-Economy-Report.pdf
（6）　Half of all food bought by the public sector in France to be organic or locally produced, or come with a quality label by 2022, *Food for Life*, 1 February 2018.
https://www.foodforlife.org.uk/whats-happening
（7）　Jim Manson, Nearly 10% of all French farms are Organic as record numbers of Farmers convert, *Natural Products*, 7 June 2019.
https://www.naturalproductsglobal.com/europe/nearly-10-of-all-french-farmsare-

(10) 前掲第2章文献 (23)
(11) 前掲第2章文献 (16)
(12) 前掲第2章文献 (27)
(13) 前掲第2章文献 (25)
(14) 前掲第2章文献 (9)
(15) 前掲第2章文献 (26)
(16) New CAP needed for the European Green Deal and the Farm to Fork Strategy to Succeed, *European Coordination Via Campesina*, 27 May 2020.
https://www.eurovia.org/new-cap-needed-for-the-european-green-deal-and-the-farm-to-fork-strategy-to-succeed/
(17) 前掲第2章文献 (10)
(18) 前掲第2章文献 (13)
(19) EU Farm to Fork Strategy: Collective response from food sovereignty scholars, *Food governance*, 5 June 2020.
https://foodgovernance.com/2020/06/05/eu-farm-to-fork-strategy-collectiveresponse-from-food-sovereignty-scholars/

コラム2−2 全欧州からの三六〇〇人以上の科学者がCAPに改革を呼びかけ

(1) 前掲コラム1－1文献 (2)
(2) 前掲第2章文献 (25)
(3) Niall Sargent, 3,600 scientists call for CAP overhaul to protect nature, *The Green News*, 9 March 2020.
https://greennews.ie/cap-reform-scientists-call/
(4) Honey Kohan, Press release: + 3600 scientists: The EU Common Agricultural Policy must stop destroying nature, *Bird Life*, 9 March 2020.
https://www.birdlife.org/europe-and-central-asia/news/press-release-3600-scientists-eu-common-agricultural-policy-must-stop-destroying-nature_09March
(5) 前掲第2章文献 (13)
(6) 前掲コラム1－1 (6)
(7) 前掲第2章文献 (26)
(8) More than 3600 European scientists appeal to the EU: "The future Common Agricultural Policy must stop destroying nature", *Slow Food*, 10 March 2020.
https://www.slowfood.com/sloweurope/en/more-than-3600-european-scientistsappeal-to-the-eu-the-future-common-agricultural-policy-must-stop-destroyingnature/
(9) Helene Schulze, 3,600 Scientists Call For CAP Overhaul, *ARC2020*, 9 March 2020。
https://www.arc2020.eu/3600-scientists-call-cap-overhaul/
(10) 前掲第2章文献 (6)

(25) 前掲コラム１－１文献（3）
(26) Jessica Corbett, Fridays for Future Europe Calls for Transforming Agricultural Policy to Tackle the Climate Crisis, *Common Dreams*, May 22, 2020.
https://www.commondreams.org/news/2020/05/22/fridays-future-europe-callstransforming-agricultural-policy-tackle-climate-crisis
(27) Natasha Foote, New food policy to triple amount of agricultural land farmed organically by 2030, *EURACTIV*, 22 May 2020.
https://www.euractiv.com/section/agriculture-food/news/new-food-policy-totriple-amount-of-agricultural-land-farmed-organically-by-2030/
(28) Natasha Foote, Farm to Fork strategy aims to slash pesticide use and risk by half, *EURACTIV*, 22 May 2020.
https://www.euractiv.com/section/agriculture-food/news/farm-to-fork-strategyaims-to-slash-pesticide-use-and-risk-by-half/
(29) Shailaja Fennell, Opinion: Local food solutions during the coronavirus crisis could have lasting benefits, Phys.org, 22 April 2020.
https://www.cam.ac.uk/stories/globaltolocal
(30) How farms are getting closer to consumers in the pandemic, *World Economic Forum*, 13 May 2020.
https://www.weforum.org/agenda/2020/05/farms-farming-food-closerconsumers-pandemic-covid/
(31) 2020年4月7日「農業部隊」求人に20万人応募、フランス農相が失業者らに呼び掛け　AFP通信
https://www.afpbb.com/articles/-/3277597
(32) Oliver Moore, LEAK–Ag Lobby Tries to Derail Farm to Fork, *ARC 2020*, 22 April 2020.
https://www.arc2020.eu/leak-ag-lobby-tries-to-derail-farm-to-fork/

コラム２－１　「農場から食卓まで」戦略をめぐる既得権益と市民社会とのバトル

(1) 谷口貴久氏（1988年～）のフェイスブックより
https://www.facebook.com/permalink.php?story_fbid=1326190260884846&id=100004816547692
(2) シフト
https://shift-pn.com/2019/12/23/about/
(3) 前掲第2章文献（28）
(4) 前掲第2章文献（6）
(5) 前掲第2章文献（17）
(6) 前掲第2章文献（8）
(7) 前掲第2章文献（2）
(8) 前掲第2章文献（22）
(9) 前掲第2章文献（32）

climateactivists-call-for-eu-to-radically-reform-farming-sector
(14) Josh Smith and Sangmi Cha, Jobs come first in South Korea's ambitious 'Green New Deal' climate plan, *Reuters*, 8 June 2020.
https://www.reuters.com/article/us-southkorea-environment-newdeal-analys/jobs-come-first-in-south-koreas-ambitious-green-new-deal-climate-planidUSKBN23F0SV
(15) 2019年12月27日：足達英一郎「欧州グリーンディールの意志　脱炭素を推進、社会システム変革」日本経済新聞
https://www.nikkei.com/article/DGXKZO53854940W9A221C1X12000/
(16) 40 Organisations Demand April Publication for Farm to Fork, Biodiversity Strategies, *ARC 2020*, 15 April, 2020.
https://www.arc2020.eu/39-organisations-demand-april-publication-for-farm-to-fork-biodiversity-strategies/
(17) Oliver Moore, Food Fight – The Farm to Fork Strategy vs CAP, *ARC2020*, 11 March 2020.
https://www.arc2020.eu/food-fight-the-farm-to-fork-strategy-vs-cap/
(18) Adrian Hiel, 8 economic recovery lessons for Canada from Europe's Green Deal, *Corporate Nights*, 11 May 2020.
https://www.corporateknights.com/channels/climate-and-carbon/8-greenrecovery-lessons-canada-europes-green-deal-15891992/
(19) Binyamin Ali, EU's farm-to-fork strategy is a timely policy, *Agri Investor*, 10 June 2020.
https://www.agriinvestor.com/eus-farm-to-fork-strategy-is-a-timely-policy/
(20) Bertrand Piccard and Frans Timmermans, Which world do we want after COVID-19? *EURACTIV* , 16 April 2020.
https://www.euractiv.com/section/energy-environment/opinion/which-world-do-we-want-after-covid-19/
(21) Celia Nyssens, Nick Jacobs and Nikolai Pushkarev, What has COVID-19 changed for the EU's Farm to Fork Strategy? *EURACTIV*, 15 May 2020.
https://www.euractiv.com/section/agriculture-food/opinion/what-has-covid-19-changed-for-the-eus-farm-to-fork-strategy/
(22) Vladimir Spasić, 5 ways lobbyists are using COVID-19 to weaken EU environmental laws, *Balkan Green Energy News*, 22 April 2020.
https://balkangreenenergynews.com/5-ways-lobbyists-are-using-covid-19-to-weaken-eu-environmental-laws/
(23) 前掲コラム1－1文献（6）
(24) Just 6% of UK public 'want a return to pre-pandemic economy', *The Guardian*, 28 June 2020.
https://www.theguardian.com/world/2020/jun/28/just-6-of-uk-public-want-areturn-to-pre-pandemic-economy

strategyaims-to-feed-sustainable-food-system
(3) Sam Mehmet, European Commission adopts new Farm to Fork Strategy, *New Food*, 21 May 2020.
https://www.newfoodmagazine.com/news/111139/european-commission-adoptsnew-farm-to-fork-strategy/
(4) Oliver Morrison, What does the farm-to-fork strategy mean for the future of food in Europe?, *Food Navigator*, 22 May 2020.
https://www.foodnavigator.com/Article/2020/05/22/What-does-the-farm-to-forkstrategy-mean-for-the-future-of-food-in-Europe
(5) 前掲コラム 1-1 文献（2）
(6) Farm to Fork and Biodiversity Strategies: small steps forward instead of a giant leap, *The Friends of Earth EU*, 20 May 2020.
http://www.foeeurope.org/farm-fork-biodiversity-strategies-small-steps-giantleap-200520
(7) Gil Rivière Wekstein, Shortages after the pandemic? Farm to Fork and the Green Deal for degrowth, *European Scientist*, 27 May 2020.
https://www.europeanscientist.com/en/features/shortages-after-the-pandemicfarm-to-fork-and-the-green-deal-for-degrowth/
(8) Martin Banks, Commission's unveiling of Farm to Fork Strategy receives mixed response, *The parliament magazine*, 20 May 2020.
https://www.theparliamentmagazine.eu/articles/news/commission%E2%80%99s-unveiling-farm-fork-strategy-receives-mixed-response
(9) Joe Whitworth, EU plans cut to antimicrobial and pesticide use in Farm to Fork strategy, *Food Safety News*, 21 May 2020.
https://www.foodsafetynews.com/2020/05/eu-plans-cut-to-antimicrobial-andpesticide-use-in-farm-to-fork-strategy/
(10) Gerardo Fortuna and Natasha Foote, Commission upholds highly ambitious targets to transform EU food system, *EURACTIV*, 22 May 2020.
https://www.euractiv.com/section/agriculture-food/news/commission-upholdshighly-ambitious-targets-to-transform-eu-food-system/
(11) Gerardo Fortuna, LEAK: EU's Farm to Fork strategy will be based on five key targets, *EURACTIV*, 2 Mar 2020。
https://www.euractiv.com/section/agriculture-food/news/leak-eus-farm-to-forkstrategy-will-be-based-on-five-key-targets/
(12) Arctic Circle sees 'highest-ever' recorded temperatures, *BBC News*, 22 June 2020.
https://www.bbc.com/news/science-environment-53140069
(13) Fiona Harvey, Young climate activists call for EU to radically reform farming sector, *The Guardian*, 22 May 2020.
https://www.theguardian.com/environment/2020/may/22/young-

for the EU's Farm to Fork Strategy?, *EURACTIV*, 15 May 2020.
https://www.euractiv.com/section/agriculture-food/opinion/what-has-covid-19-changed-for-the-eus-farm-to-fork-strategy/

(6) Patrick ten Brink, Returning our food systems to business as usual would be a historic mistake, *Social Europe*, 23 April 2020.
https://www.socialeurope.eu/returning-our-food-systems-to-business-as-usual-would-be-a-historic-mistake

コラム１－２　牛を野に放ち食を健全化すれば、有機農業で欧州は自給できる

(1) Johan O. Karlsson, Georg Carlsson, Mikaela Lindberg, Tove Sjunnestrand and Elin Roos, Designing a future food vision for the Nordics through a participatory modeling approach, *Agronomy for Sustainable Development*, 23 October 2018.
https://www.researchgate.net/publication/328464907_Designing_a_future_food_vision_for_the_Nordics_through_a_participatory_modeling_approach

(2) Robin McKie, We must change food production to save the world, says leaked report, Cutting carbon from transport and energy 'not enough' IPCC finds, *The Guardian*, 4 August 2019.
https://www.theguardian.com/environment/2019/aug/03/ipcc-land-use-foodproduction-key-to-climate-crisis-leaked-report

(3) Lisa Drayer, Change your diet to combat climate change in 2019, *CNN*, 2 January 2019.
https://edition.cnn.com/2018/10/18/health/plant-based-diet-climate-change-fooddrayer/index.html

(4) Claire Stam, Agroecology can feed Europe pesticide-free in 2050, new study finds, *EURACTIV*, 18 September 2018.
https://www.euractiv.com/section/agriculture-food/news/agroecology-can-feedeurope-pesticide-free-in-2050-new-study-finds/

(5) Pierre-Marie Aubert, An agro-ecological Europe by 2050: a credible scenario, anavenue to explore, *IDDRI*, 17 September 2018.
https://www.iddri.org/en/publications-and-events/blog-post/agro-ecological-europe-2050-credible-scenario-avenue-explore

(6) archyworld, "The European Union must make food a political subject" (Pierre-Marie Aubert), Archy Worldys, 20December 2018.
サイト消失

第２章　大転換するコロナ禍後のヨーロッパ農業政策「農場から食卓まで」戦略とは

(1) 前掲まえがき (3)

(2) Natasha Spencer, EU 'farm to fork' strategy aims to feed sustainable food system, *Food Navigator*, 17 March 2020.
https://www.foodnavigator.com/Article/2020/03/17/EU-farm-to-fork-

(7) Damian Maye, Covid-19 and food systems: relational geographies, food insecurity and relocalisation, Royal Geographical Society (with IBG) publications, 10 June 2020.
https://blog.geographydirections.com/2020/06/10/covid-19-and-food-systemsrelational-geographies-food-insecurity-and-relocalisation/?fbclid=IwAR1zTXAlcMpYy1L2xRnPfUOXcNL03M_lLmw3ZBJsFqGz9n6-CY-So1SRweA
(8) Gene Baur, It's time to dismantle factory farms and get used to eating less meat, *The Guardian*, 19 May 2020.
https://www.theguardian.com/commentisfree/2020/may/19/its-time-to-get-usedto-eating-less-meat
(9) John Vidal, 'Ban on bushmeat' after Covid-19 but what if alternative is factory farming? ,*The Guardian*, 27 May 2020.
https://www.theguardian.com/environment/2020/may/26/ban-on-bushmeatafter-covid-19-but-what-if-alternative-is-factory-farming
(10) Liz Specht, Let's Rebuild the Broken Meat Industry–Without Animals, *WIRED*, 20 May 2020.
https://www.wired.com/story/opinion-lets-rebuild-the-broken-meat-industrywithout-animals/
(11) 2020年5月10日：内田聖子「新型コロナウイルス感染にさらされる米国の食肉工場労働者—先進国の歪んだフードシステム」ハーバー・ビジネス・オンライン
https://news.nifty.com/article/economy/economyall/12267-655990/
(12) 2020年5月21日：鈴木宣弘「安いものにはワケがある—米国産食肉の安さのもう一つの秘密—」食料・農業問題　本質と裏側、JAcom 農業協同組合新聞
https://www.jacom.or.jp/column/2020/05/200521-44427.php
(13) 2019年9月29日：猪瀬聖「EU なぜ米国産牛肉の輸入禁止」Yahoo！ニュース
https://news.yahoo.co.jp/byline/inosehijiri/20190929-00144646/

コラム１−１　コロナ禍によって完全に様変わりした食料安全保障と食料主権

(1) 前掲まえがき (3)
(2) Asger Mindegaard, Agroecology: Farming for a Better Future?, *META*, 24 May 2020.
https://meta.eeb.org/2020/03/24/agroecology-farming-for-a-better-future/
(3) Harriet Bradley, Our fatal farming system: the other emergency, *Birdlife*, 5 May 2020.
https://www.birdlife.org/europe-and-central-asia/news/our-fatal-farming-system-other-emergency
(4) Shailaja Fennell, Opinion: Local food solutions during the coronavirus crisis could have lasting benefits, *University of Cambridge*, 22 April 2020.
https://www.cam.ac.uk/stories/globaltolocal
(5) Celia Nyssens, Nick Jacobs and Nikolai Pushkarev, What has COVID-19 changed

引用文献

まえがき

(1) 2020年6月8日：日本農業新聞の論説「コロナ危機と文明　生命産業へかじを切れ」
https://www.agrinews.co.jp/p51012.html

(2) 2020年6月10日：日本農業新聞「新型コロナ、届け！エール17 新たな経済　主役は農業」
https://www.agrinews.co.jp/p51034.html

(3) Tcrn Staff, The Coronavirus Pandemic Challenges The Global Food System And Should Brings Us Towards Agroecology, *The Costa Rica news*, 28 April 2020.
https://thecostaricanews.com/the-coronavirus-pandemic-challenges-the-globalfood-system-and-should-brings-us-towards-agroecology/

(4) Communiqué by IPES-Food, COVID-19 and the crisis in food systems: Symptoms, causes, and potential solutions, April 2020.
http://www.ipes-food.org/_img/upload/files/COVID-19_CommuniqueEN.pdf

第１章　小規模家族農業の解体と工場型畜産がコロナ禍を生んだ

(1) Laura Spinney, Is factory farming to blame for coronavirus?, *The Guardian*, 28 March 2020.
https://www.theguardian.com/world/2020/mar/28/is-factory-farming-to-blamefor-coronavirus

(2) Jan Dutkiewicz, Astra Taylor and Troy Vettese, The Covid-19 pandemic shows we must transform the global food system, *The Guardian*, 16 April 2020.
https://www.theguardian.com/commentisfree/2020/apr/16/coronavirus-covid-19-pandemic-food-animals

(3) Laura Spinney, It takes a whole world to create a new virus, not just China, *The Guardian*, 25 March 2020.
https://www.theguardian.com/commentisfree/2020/mar/25/new-virus-chinacovid-19-food-markets

(4) Fiona Harvey, Jane Goodall: humanity is finished if it fails to adapt after Covid-19, *The Guardian*, 3 June 2020.
https://www.theguardian.com/science/2020/jun/03/jane-goodall-humanity-isfinished-if-it-fails-to-adapt-after-covid-19

(5) Jonathan Safran Foer and Aaron S Gross, We have to wake up: factory farms are breeding grounds for pandemics, *The Guardian*, 21 April 2020.
https://www.theguardian.com/environment/2020/may/26/ban-on-bushmeatafter-covid-19-but-what-if-alternative-is-factory-farming

(6) 前掲まえがき文献（4）

著者紹介——吉田太郎（よしだ　たろう）

1961年生まれ。東京都杉並区で育つ。

筑波大学自然学類卒。同大学院地球科学研究科中退。

コロナ対策や防災対策で最近関心を持たれているキューバを取材した『世界がキューバ医療を手本にするわけ』、『「防災大国」キューバに世界が注目するわけ』（中村八郎氏との共著）の他、『タネと内臓』、『文明は農業で動く——歴史を変える古代農法の謎』（以上築地書館）、『地球を救う新世紀農業——アグロエコロジー計画』（筑摩書房）などアグロエコロジーに関する著作を執筆してきた。

長野県長野市在住。NAGANO農と食の会会員。大病を契機に食生活を見直しながら、小さな有機家庭菜園で自家採種を行い、言行の一致を目指している。

サラリーマン稼業の傍ら、日本各地、および海外で有機農業の取材、啓発につとめてきた。定年退職後の晴耕雨読の生活を楽しみにしている。

コロナ後の食と農――腸活・菜園・有機給食

二〇二〇年一〇月一六日　初版発行
二〇二二年　二月一四日　二刷発行

著者――吉田太郎

発行者――土井二郎

発行所――築地書館株式会社
東京都中央区築地七―四―四―二〇一　〒一〇四―〇〇四五
電話〇三―三五四二―三七三一　FAX〇三―三五四一―五七九九
振替〇〇一一〇―五―一九〇五七
ホームページ＝http://www.tsukiji-shokan.co.jp/

印刷・製本――シナノ印刷株式会社

装丁――秋山香代子（grato grafica）

 ISBN 978-4-8067-1609-9